1 MONTH OF
FREE
READING

at

www.ForgottenBooks.com

By purchasing this book you are eligible for one month membership to ForgottenBooks.com, giving you unlimited access to our entire collection of over 1,000,000 titles via our web site and mobile apps.

To claim your free month visit:

www.forgottenbooks.com/free651445

ISBN 978-0-364-76828-0
PIBN 10651445

This book is a reproduction of an important historical work. Forgotten Books uses
state-of-the-art technology to digitally reconstruct the work, preserving the original format
whilst repairing imperfections present in the aged copy. In rare cases, an imperfection in
the original, such as a blemish or missing page, may be replicated in our edition. We do,
however, repair the vast majority of imperfections successfully; any imperfections that
remain are intentionally left to preserve the state of such historical works.

DELLA
DIMENSIONE
DELLE LINEE RETTE

Eseguita con lo Squadro agrimensorio, con
sergentine ordinarie, ò con canne
semplicissime.

TRATTATO

Di

MAESTRO PIERO DIONIGIO VEGLIA SERVITA
Perugino.

Con vna Digressione Geometrica della misura dagli Scemi delle botti
del medesimo Autore.

IN PERVGIA,
Nella Stampa Episcopale, Appresso Angelo Bartoli. M.DC.XXXII.
Con licenza de' Superiori.

Ad' istanza di Michele Vaschetti Libraio in Perugia.

Al Molto Illuſtre, & Reuer.ᵐᵒ Padre,
& Signor mio colendiſsimo

IL PADRE

D. BENEDETTO
CASTELLI
ABBATE CASSINENSE
MATEMATICO DI SVA SANTITA.

ON mi biſognerà dir
molto, per moſtra-
re à V.S. Reueren-
diſsima, quanto ſia
ſtato conueneuole,
che io dedicaſsi al
ſuo nome queſt' opera mia. Prima io
leggo Lingua Hebraica, & Matematica nel Collegio dell'Illuſtriſsimo Mo-

naſtero

nasterio di S. Pietro di Perugia : doue ella, quando passò vltimamente di quà, approuò con molto giubilo il profitto di questi spiritosi giouini . Dipoi quest' opera è di Matematica: e però si doueua donare à persona, che la conoscesse, massimamente contenendo ella due nuoue inuentioni , & due nuoue arti di misurare , non più vedute fin quì . Ella hà letto molti anni in Pisa con sommo gusto di quelle Serenissime Altezze: & al presente, chiamata per Matematico del Grande VRBANO VIII. fà con ammiratione vniuersale conoscere il suo molto valore in cotesta felicissima patria , ottima estimatrice de' begli ingegni, non solamente con lo studio , & col giudicio ; ma con le stampe ancora. Certo è degna di lei quella bella, & nuoua inuentione , trattata così magistralmente , di misurare le acque , che corrono . Per queste, & per altre cagioni molte , volentieri appoggio all'ombra

del

del valor suo queste mie fatiche: accioche, se elle non hanno altro di buono, habbiano almeno vn Padrone, che à loro apporti autorità, & ornamento, & à me, che le viuo seruo di sincerissimo affetto, sia perpetua difesa, & protettione. Di Perugia il primo di Febraio 1632.

Di V. S. Molto Illustre, & Reuerendiss.

Humilissimo Seruo

F. Piero Dionigio Veglia.

ALLO

ALLO STVDIOSO
LETTORE·

ETTORE, tu hai qui robba nuoua, non più ue veduta, ne pensata da niun mai. Io certo non faceua gran conto di queste inuentioni; perche non soglio piacer mai souerchiamente à me stesso nelle cose mie. Et queste con molte altre, che hò in pronto per la stampa, sono state da me composte più per istudio, & per esercitio, che per altro. Non mi pare, che lo studio mi rechi frutto alcuno, senon tento nuoue inuentioni. Et in vero è tanto smisurato questo pelago delle scienze Matematiche; che, se tu non truoui nuoue cose sempre: non hai fatto nulla, doppo hauerti paruto d'hauer fatto più, che assai. Non dire, che io mi contradica, quasi che mi paia d'hauer qui trouate gran cose. Anzi, per confermarti quello stesso, che hò detto da capo, sanno alcuni gentilhuomini, che onorano quotidianamente le nostre lettioni, che io non haueua grande affetto à quest' opera, & che per ora haueua in animo di stampare l'Algebra. Or basta. Non hò da render conto à niuno di quel, ch'io mi habbia fatto in quest' occasione, nella quale, per degni rispetti, mi hà bisognato di allungare la publicatione di quella, & accelerare la stampa di questa. Quel, che mi pare di douerti accennare, è che io sò benissimo, che (parlo così per chi così bisogna) non ti mancherà, che dire. Massimamente, che lo Squadro del Num. 1. è difficile, & soggetto à errore, & qualche altra cosa, che sò io? Non lo dire. Pruoualo prima: & vederai quanto sia facile, & sicuro. Molti pensano di passar per intendenti, mentre cercano di pizzicare ogni cosa. Credemi. Tutto'l contrario conseguiscono. Sia come si vuole. Se non ti quadra questo, ò non ti sai accommodare all'uso suo; lascialo, & seruiti degli altri, se ti pare, giache con questo si tirano in fine le più semplici operationi. Nell' Agrimetria, alla 6. Prop. del 2. Lib. habbiamo un' altro modo di adoperare lo Squadro agrimensorio. Questo istrumento è come il compasso.

compaſſo. non è conoſciuto. Ad altro ſerue, che per formare l'angolo retto, come il compaſſo è buono ad altro, che à far ſolamente le figure tonde. Mi farai piacere di far rifleſſione minutamente in ogni coſa. Vedrai, e potrai conſiderare, quanto io mi ſia lambiccato il ceruello, per trouare tante coſe, tanto varie, tanto aliene da ogni altro modo penſato fin qui, di facilitarle, & ordinarle, & finalmente di aſſicurarle con Geometriche dimoſtrationi. Il vedere vn libro coſi eſile pare non niente. Io, c'hò prouato; sò quanto ſudore, quanto algore mi coſta. Stà ſano.

Errori auuertiti.

Car. 16. Ver. 30. lasciata in B leggi lasciata in A . Car. 31. nella postilla 15. quinti leg. 15. primi . Car. 42. nella postilla 22. primi leg. 22. quinti.

DELLA
DIMENSIONE
DELLE LINEE RETTE.

Di
MAESTRO PIERO DIONIGIO VEGLIA SER.VITA
Perugino.

Si pongono tre modi di adoperare lo Squadro agrimensorio, oltre l'ordinario: Et vn Lemma per alcune dimensioni, che con esso si faranno. Prop. I.

L primo modo di adoperare lo Squadro sarà di tenerlo sù la sua asta all'vsanza communema traguarderassi non con esso semplicemente, ma con vna carta, la quale si tenga immobile sù'l suo piano in questa maniera. Preso il diametro AB del circolo AB del piano di esso Squadro; si descriua, alla quantità di esso diametro, in vna carta CD, il circolo CDL, tirandoui il diametro CD. E manifesto, che questo circolo sarà eguale al circolo AB dello Squadro. Adunque, osseruata, per esempio, vna canna per la fessura EF; si douerà mettere sopra'l circolo AB il circolo CDL, che precisamente si confaccia con esso circolo AB, in modo, che alla fessura adoperata EF corrisponda il diametro CD. Ciò osseruato, vn compagno del Misuratore douerà tenere sopra la carta GH, che rappresenta la CD, la mano spianata; accioche essa carta, premuta gentilmente, non si muoua punto del sito suo. Per lo che chi terrà la carta, se porrà la mira ad vn'angolo I di essa carta, & osseruerà con esso angolo qualche segno in terra, stando immobile con l'occhio; sarà cosa più certa, con questa osser-

B   uatione

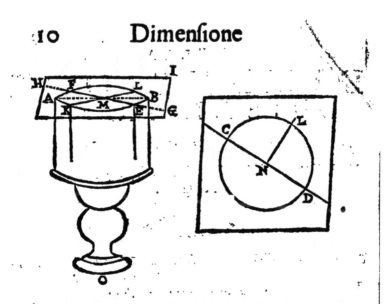

uatione, ch'effa carta non fia per muouerfi di fito, méntre il Mifuratore girerà lo Squadro, fecondo il bifogno. Peroché, offeruato bene tutto quefto, effo Mifuratore, ftando immobile l'afta, fopra della quale fi foftenta lo Squadro ; douerà poi volgere la feffura medefima EF, quando, per effer forfe più commodo, non li veniffe meglio di feruirfi dell'altra KL: la quale pure bifognerà di muouere per l'ordinario. Il qual moto dello Squadro fi douerà fare da effo Mifuratore con ragioneuole deftrezza ; accioche i circoli non fi poffano variare. Offeruato, ch' egli hauerà così, per effempio, per la feffura KL ; vifto, fe'l circolo della carta ftia giufto fopra'l circolo dello Squadro; che, fe non ifteffe bene bifogneria operar di nuouo : imprimerà poi, calcando la carta col polpetto del dito in L, verfo doue fi è fatta l'offeruatione; accioche nella circonferenza habbiamo il taglio L; per la quantità dell'angolo offeruato FML, cioè CNL. E così fi farà fempre, come fi habbia d'adoperar lo Squadro à quefto modo, vno, ò due, che fieno i circoli, che bifognerà di fare.

Sarà neceffario, che quella parte dell'afta, che è anima del bugio, ò dello Squadro, fia tornita, accioche più ageuolmen-

te

te si possa girare l'istrumento sopra di essa. La carta douerà esser manosa, e senza pieghe: semplice, non doppia. E se dal medesimo centro à riuerso si descriuerà il medesimo circolo, tirandoui il diametro pure sopra'l diametro stesso; molto più commoda riuscirà l'operatione. Tutte le nuoue inuentioni hanno in prima vista del malageuole, massimamente appresso di chi sia tinto di qualche inuidia. Ma chi prouerà questo modo sinceramente, lo trouerà facile sopra ogni opinione. Che sebene pare impossibile, che la carta, nel voltamento dello Squadro, non perda tanto, ò quanto il suo sito: non è però così; se vi si vsi qualche diligenza. Noi n'habbiamo fatte infinite esperienze, sempre con felice successo.

2 Per seruirsi dello Squadro nel secondo modo, bisogna d'hauere vn baftone AB, il quale in A sia forato, accioche si possa fermare sù'l maschio C dell'asta, oue si mette lo Squadro ordinariamente. Hà d'hauere questo bastone vna trauersa CD, nella quale si possa fermare, come si vede lo Squadro EDF. In questo sì fatto istrumento non si richiede più maestria, che tanto. perche, fermato che sia esso Squadro nel bracciuolo CD, non si hà da muouer più in quell'operatione. Finalmente bisognerà d'hauere vn filo col piombino, per due cagioni. Prima per accertarsi, che'l circolo EF stia retto all'orizonte, poi per trouare il perpendicolo H del centro G; e la quantità della GH dal centro detto fino al soggetto piano. Per lo che sarà bene d'hauere nel detto filo vn granello, ò vna perletta minutissima, col mezo della, quale, aggiustata al centro G, mentre il piombo tocca il piano soggetto; possa con la misura saperſi la vera quantità della perpendicolare GH, &c.

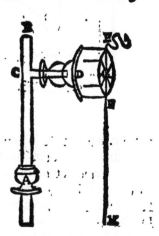

3   Vltimamente in luogo del bastone del Num. passato, fabricheremo vna paletta AB; la cui faccia AB sia ottima-

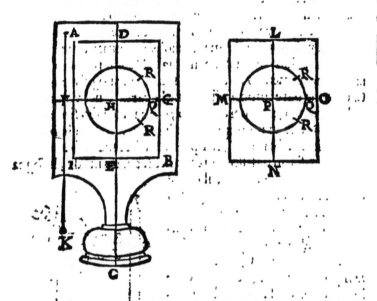

mente piana, & in C possa entrare il maschio dell'asta dello Squadro. Sia in essa tirata per lo lungo vna retta DE, la quale stia indiretto col buglo C: la quale DE sia segata circa il mezo con la FG ad angoli retti in H. Sù l'estremo AI d'essa paletta si tiri vn'altra retta AI, la quale sia parallela alla DE: e da A per vn picciolo forame in essa AI esca vn sottilissimo filo AK col piombino K, accioche nelle operationi possiamo, col mezo di questo filo, mentre risponde alla AI, accertarci, il piano AB, raso da esso filo, esser retto all'orizonte, e la DE ad esso orizonte perpendicolare. Douerassi hauer poi vna carta LMNO, nella quale si tireranno le LN, MO, che trà loro si seghino ad angoli retti in P; dal qual punto, fattolo centro, si descriuerà il circolo QR del diametro del circolo dello Squadro. Questa carta si douerà applicare al piano AB, in modo, che le rette LN, MO si confacciano con-
                                                    ninamente

ilmente con le DE, FG: il che si farà col procurare, che i
punti L, M, N, O, estremi delle rette LN, MO caggiano tutti nelle DE, FG, cioè L batta in D, N in E, M in F, & O in G.
Così stante, il punto P caderà necessariamente nel punto H,
perche, s'ei non vi cadesse, le rette non corrisponderebbono
ciascuna à ciascuna : il che sarebbe contra quel, che si suppone. Fermata l'asta con la paletta, così preparata, e voltata
per taglio, verso doue noi intendiamo di permirare : vn compagno, che sia col Misuratore, douerà nell'operatione applicare il circolo dello Squadro al circolo QR, che in tutto si
confaccia con quello : e douerà girarlo poi, secondo l'ordine
d'esso Misuratore, auuertendo sempre, che & il circolo dello
Squadro stia giusto col circolo QR, e che 'l filo AK non esca
della AI, e rada il piano della paletta, non che ò vi si appog-
gi, ò punto ne stia lontano. Quando poi il Misuratore hauerà fatta la sua osseruatione, s'imprimerà dal compagno,
con vn'ago, vn taglio R, oue nella circonferenza QR risponde la fessura adoperata, e farassi da quella parte, che stà verso la cosa, che si permira : accioche si habbia l'angolo, per
esempio, QHR dell'osseruatione fatta. L'asta poi, che sosten-
terà la nostra paletta, come sostenta lo Squadro, douerà esser tale, che tutta la sua lunghezza risponda dirittamente alla retta CD : altramente l'operatione potrebbe riuscire alquanto difettosa.

LEMMA.

*Data vna retta maggiore, ò minore di vn'altra retta data, misurarla
secondo le parti centomilesime della prima retta.*

NOI habbiamo insegnata quest' operatine nel 2. Cap.
del 1. Lib. della nostra Geometria. Vn' altro modo
ituentammo nella 7. Prop. del Lib. 3. dell'Agrimetria, ma ad
altro fine alquanto diuerso, se ben poi nel suo Coroll. si ri-
dusse à quest' operatione : & il diuisammo professamente nella Prop. 17. del 1. Lib. de' nostri Horiuoli. Quì habbiamo
trouato vn'altra maniera assai differente da tutte queste, e
propria

propria di queſto luogo . Sia la retta AB , la quale s'intenda
di 100000. parti eguali . Si deſidera di ſapere , quante parti
delle 100000. d'eſſa AB ſia la retta C. Sia prima minore eſſa C della AB. Diuidaſi eſſa AB egualmente in D. Se dunque
eſſa retta C fuſſe eguale alla AD , è manifeſto , che eſſa C ſarebbe 50000. parti
delle 100000. della AB. E ſia prima
maggiore la C della metà di eſſa AB.
Pigliſi eſſa C col compaſſo , e ſi porti da
A in E. Perche dunque la AE, cioè la C,
è maggiore della metà AD di eſſa AB:
ella ſarà più di 50000. tanto cioè; quanto è l'eccesſo DE ſopra la AD . Pongaſi
da parte il numero 50000. per eſſa AD.
Biſogna di vedere , quante delle medeſime parti ſia l'eccesſo DE . Si pigli col
compaſſo , e cominciando da A, ſi rimeni tante volte ſi fatto interuallo DE, che
ſuperi il punto D : il che ſi fà in tre volte
fino in F. Sarà eſſa DE vna terza parte
di eſſa AD , cioè di 50000. e di più tal
parte di eſſa terza parte , qual parte è
è la DF della AD . Peroche, eſſendo l'ec-

50000
16667
4167
595
40
───────
71469

ceſſo DF triplo dell'eccesſo della DE ſopra la terza
parte della AD , per eſſerſi replicata eſſa DE tre
volte: * tanto ſarà la DF della AD, quanto la terza
parte di eſſa DF della terza parte di eſſa AD . E la
terza parte della AD 50000. è 16666⅔. Dicaſi
16667. per eſſer ⅔. più di ½ che quando ſarà meno
di ½. il rotto, che v'interuiene ſi laſcerà ; e ſe ſia ½.
preciſamente , ſi porrà per vn ſano , ò ſi laſcerà à noſtro li-
bito. Si ſcriua 16667. ſotto 50000. E preſa la DF, ſi repli-
chi al medeſimo modo finche ſi ecceda il punto D : il che ſi fà
in quattro volte da A fino in G . Sarà , per la medeſima ragione, la DF vna quarta parte della AD, cioè di 16667. e di
più tal parte d'vna di queſte quarte parti, qual parte è eſſo

eccesſo

*à 15.quinti.

eccesso DF della AD : che bene è manifesto , la AD pigliarsi hora per 16667. E la quarta parte di 16667. è 4167. Scriuasi sotto gli altri . E, preso l'interuallo DG , si rimeni da A sette volte fino in H , al medesimo modo . Sarà la DG vna settima parte della AD , cioè di 4167. che tanto si stima ora essa AD . Adunque la settima parte 595. di 4167. si porrà con gli altri numeri . Finalmente passeggiato con l'eccesso DH al medesimo modo finche si superi il punto D , troueremo, tutta la AD consumarsi in quindeci repliche . Onde la DH sarà $\frac{1}{15}$. della AD, la quale ora è 596. E 40. è $\frac{1}{15}$. di 596. Scritto 40. sotto gli altri numeri, e sommati insieme ; haueremo 71469. E tanto diremo, che sia la AE , cioè la C della AB, posta 100000.

2 Sia ora la I la retta da misurarsi nelle parti della AB 100000. cioè sia minore della metà della AB . Perche ella è minore della AB, si porti da B in E ; e si misuri il compimento AE maggiore di detta metà, come di sopra . Troueremo, ch'egli sarà 71469. Se dunque si caui la AE 71469. della AB 100000. il residuo 28531. saranno le parti della BE, cioè della I, retta proposta

AVVISO . Noi habbiamo operato cinque volte . Più non occorre, e tanto giudichiamo necessario . Quando però vn proposto interuallo si abbatta, rimenato alquante volte, à dare precisamente nel punto D , non si procederà più oltre. Come, se, reiterato l'eccesso DE tre volte da A , si fusse dato precisamente in D : è manifesto , che essa DE sarebbe stata la terza parte apunto di essa AD 50000. ò di quale altro numero ella si rappresenti nell'altre operationi, vedute nel 1. Num. di questo Lemma .

3 Se sia K la retta da misurarsi, maggiore della AB , se ne cauerà essa AB ; quante volte si può ; che quì si fà solamente vna dà K in L . Sarà la KL 100000. Se due volte si fusse cauata, sarebbe 200000. se tre, 300000. &c. La rimanente LM si misurerà poi, come la I per il Num. 2. E, trouata 28531. diremo, tutta la KM esere 128531.

DELLE

DELLE DISTANZE DIRETTE, E DEGL' INTER-
VALLI TRASVERSALI.

Misurare vna distanza orizontale, in vno de' cui estremi si truoui
il Misuratore, e l'altro appaia. Prop. II.

1 CON LO SQVADRO. Habbiasi da misurare la di
stanza AB da A, vno degli estremi di essa distanza, oue il Misuratore si truoui. Piantato lo Squadro in A, al
modo ordinario, e veduto per vna delle fessure il termine B :

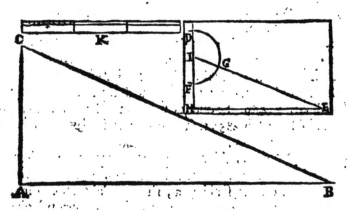

si osserui per l'altra in croce vna canna C ben dritta, e posta
à perpendicolo con l'orizonte, accioche sia retto l'angolo
BAC ; e si piglino da A in C alquante misure, per esempio,
Pie. 100. purche di C si vegga l'estremo B. Si trasporti lo
Squadro in C. E, vista per vna delle fessure quindi vna canna lasciata in B, al medesimo modo ; si metta sopra lo Squadro la carta DE del Num. 1. della 1. Prop. osseruando quel,
che colà si disse : e ch'el diametro DF stia nella fessura GA.
Ciò fatto, stando immobile la carta ; si volti la fessura finche
si vegga il termine B. il quale visto, s'imprima vn taglio G
nella circonferenza FGD. Ciò fatto, nella DF, allungata, si
pigli dal centro I fino in H la IH di 100. particelle, quanto
facemmo

ſicercaſi la AC, di vna ſcala K, qual ſi ſia: dal qual punto H
ſi tiri a alla HI la perpendicolare HE, acciochè l'angolo HHE   a 11. pri.
ſia retto, come il CAB. Se dunque da I, centro del circolo,
tireremo per G la IE, che s'incontri in E con la HE: & ſi miſuri
la HE nella medeſima ſcala K: quante parti di eſſa ſcala ſarà
la HE, tanti Pie. cioè 231. ſarà la AB, diſtanza propoſta. Im-
perciche, eſſendo ne' triangoli ABC, HEI eguali gli angoli
retti A, H; & eguali i C, I; che tali ſi ſon fatti, come è manifeſto: anche gli angoli B, E, ſaranno eguali: & però equi-   b 32. pri.
angoli ſaranno eſſi triangoli. Per la qual coſa, c come la HI   c 4. ſeſ.
alla HE, così ſarà la AC alla AB. Et, d permutando, come   d 16. quint.
la HI alla AC, così la HE alla AB. Ma le HI, AC ſono del
medeſimo numero di parti. Adunque anche le HE, AB ſaranno eguali nel numero delle parti loro. Et però quàte parti è la HE delle parti della HI 100. tante parti ſarà la AB delle parti, che ſon Pie. della AC 100. medeſimamente.

   2 ALTRAM. Ma non ſempre vien bene di formare
l'angolo retto A. In tal caſo, accommodato lo Squadro in

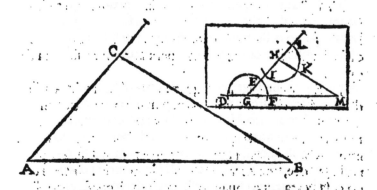

A, & oſſeruato per vna delle feſſure il termine B, ſpodgauiſi
ſopra il circolo DEF, che'l diametro DF riſponda alla feſſura AB, & c. Volgaſi lo Squadro, ſtando immobile la carta,
&, veduta per la feſſura vna canna in qualunque luogo C,
ſotto qualſiuoglia angolo BAC, ò FGE, s'imprima vn ſegno

   .ovu.ɔ   C   E nella

E nella circonferenza DEF, e dal centro G, per I, fino in GD Nella AC si piglino alquanto rifime, per esempio, 100. Pie. di A fino in C. Et, lasciata vn camma in A, si fermi lo Squadro in C. Piglisi la GH di 100. parti d'vna scala, quanti furono i Pie. della AC. E fatto centro il punto H, e descritto all'in-teruallo GE, semidiametro del circolo dello Squadro, il cir-colo IKL; mirata per la fessura la canna A; si accommodi so-pra lo Squadro il circolo IKL, in modo, che 'l diametro LI sia nella fessura CA. Voltisi lo Squadro, tenendo immobile la carta; & osseruato l'estremo B, s'imprima vn segno K so-pra la fessura nella circonferenza IKL. Se dunque per K dal centro H si tiri la HM, nella quale s'incontri in M la DF al-lungata: hauremo il triangolo GMH equiangolo al ABC. Perciò che essendo eguali gli angoli HGM, CAB; GHM, ACB; per essere i medesimi: saranno eguali anco gli M, B. Per lo che, per le ragioni del Num. 1. sarà pure, come la GH alla AC, così la GM alla AB. E però tante parti, cioè Pie. sarà la AB, distanza proposta, della AC 100. quante particelle sia la GM di quella scala, nella quale si tolse 100. la GH.

AVVISO. E manifesto, che la faccia della carta, in que-ste operationi, è quella, che apparisce da riuerso: non quel-la, che tocca il piano dello Squadro. Sempre in si fatte oc-casioni si douerà intender così, per maggiore euidenza delle operationi.

3 E per compita intelligenza di questa pratica, bisogna d'auuertire, che rade volte, ò non mai si potrà nella medesi-ma carta hauere il concorso M delle GF, HK: perche tal car-ta deue esser piccola quanto più si può. Onde perciò non importerà, se i circoli anco si seghino trà loro, anzi, per te-nerla minore, non accaderà, ch'essi circoli sieno interi: essen-do cosa certa, che, quando parte della circonferenza di vn circolo si confronta con parte della circonferenza dell'altro eguale, anco instante, se si compisce, si confonderà col resto. Or sia questa la carta, della quale ci siamo seruiti nell'opera-tione del Num. 2. nè sia molto maggiore di quel, che quì si crede. Perche dunque non si può in questa, seguita la prima

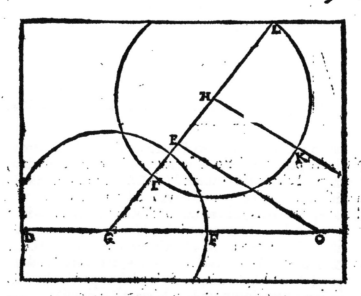

concorso delle GF, HK ; da vna scala, qual si sia, si pigli la
GE di tante particelle, cioè 100. quante in vn'altra scala maggiore furono le parti della GH, & i Pie. della retta rispon-
dente in terra: e da E si tiri *f* la EO alla HK parallela. Sarà
dunque *g* l'angolo GEO eguale al GHK: e però, come prima,
equiangoli i triangoli GOE, ABC: e per conseguenza, quante
parti sarà la GO di quella scala, oue è la GE 100. tanti saranno i Pie. della distanza proposta, &c.

   4. ALTRAM. Quando la proposta distanza sia breue,
come vna larghezza di vn fosso, ò altra simile ; potremo
molto commodamente seruirci dello Squadro del Num. 2
della 1.Prop. Adunque, fermato così in A, & osseruato quel,
che nel detto Num. s'insegna ; si vegga per vna delle fessure,
l'estremo B di essa distanza proposta, il qual termine B osseruato sia nel piano dell'orizonte : che se così non si possa vedere, non serue questo modo, douendo la base DB del triangolo DCB, che in tale occasione si forma, essere nel proprio

                      C 2   piano

f 31.pri.
g 29.pri.

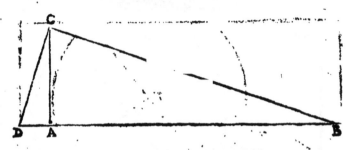

piano dell'orizonte detto. Osseruato così il detto estremo B,
si miri per l'altra fessura in croce, vn segno D nell'orizonte
medesimo, & si lasci cadere il filo CA dal cētro C dello Squadro talmente, che'l piombino A tocchi esso orizonte. Perche
dunque, nel triangolo rettangolo DCB, **h** la CA è media proportionale trà i segamenti AD, AB; cioè che, come la DA
alla AC, così è essa AC alla AB; se si misurino la AD, AC;
& si dica per la Reg. del Tre: Se le parti della AD danno le
parti della AC, che daranno le medesime parti della AC medesima: haieremo nota la distanza AB proposta.

5. SENZA SQVADRO. Si pianti vna sergentina ò vna
canna dritta in A, che stia sopra l'orizonte à perpendicolo. Et presa la mira con la sergentina, ò canna medesima,
al termine B; si pigli nella AB la AC di 3. parti, come 3. lun-
ghezze d'vna sergentina; ò d'vna canna; &c. Piglinsi due
cordicelle: le quali con due chiodi si fermino da vn capo in A,
& in C. Nella cordicella A si numerino 4. delle medesime misure; delle quali è 3. la AC, & 5. nella cordicella C. Disten-
dansi esse corde. & oue si vniscono in D, si pianti vna canna.
Si scambino le misure delle corde trà loro, cioè nella C se ne
piglino 4. & 5. nella A: & in E, oue elle si vniscono, si pianti
vn'altra canna. Perche dunque nel triangolo ACD il quadrato del lato CD 5. che è 25. è eguale a' due quadrati 9. &
16. de' lati AC 3. AD 4. **i** l'angolo CAD sarà retto. Al medesimo modo proueremo, esser retto l'angolo ACE. Adunque le AD, CE saranno **k** parallele. Ma elle sono anche eguali:

h coroll. 8.
sex.

i 48. pri.

k 28. pri.

F: Per tanto, intefo, tirata la DE, ¹ faranno le DE, AC pa- ¹33.pri.
rallele, & eguali ancor effe: & ᵐ però parallelogrāmo il qua- m ſchol. 34.
drilatero AGED; & per conſeguenza ⁿ retto l'angolo CED; primi.
come il CAD. Si metta ora vna ſergentina, ò vna canna in ⁿ 34 pri.

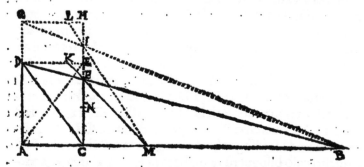

tal luogo F nella CE, che permirandofi dalla canna D per la
F, ſi vegga il termine B. Et allora ſtarà la canna F nella CE,
quando, poſta vna canna in C, vn'altra in E, permirando
dall'vna all'altra, ſia la F nel medeſimo raggio viſuale. Mi-
furinſi le EF, ED, AD, con miſura nota, e fieno Pie.3. Pie. 12.
Pie. 16. Et perche ne' triangoli DAB, FED gli angoli A, E
ſono retti, & ° eguali gli alterni ADB, EFD: ABD, EDF, o 29.pri.
effi triangoli ſaranno equiangoli. Per la qual coſa, ᵖ come p 4. ſex.
la EF alla ED,così la AD alla AB. Diremo dunque. Poiche
la EF 3.dà la ED 12. che darà la AD 16.? Troueremo,la AB
effere Pie. 64.

AVVISO. Quando di D non ſi vedeſſe il termine B,ſi paſ-
ferà più oltre allungando la AD fino in G. Allungheraſſi parimente la CE tanto, che la EH ſia alla DG eguale. Così,
piantata poi la canna F in I; ſi farà la medeſima operatione,
dicendo, ſe la HI dà la HG, che darà la AG? &c. Inoltre le
cordicelle ſono alle volte ſoggette à grande alteratione, ſe-
condoche elle più, ò meno ſono tirate. Se ſi vegga in effe
queſto pericolo; ſi operi con naſtri di ſeta, che ſono ſicuri.

6   ALTRAM. Nella medeſima figura ſia la CB la diſtanza da miſurarſi. Pongaſi vna ſergentina, ò vna canna in C.
    E ti-

E tiratosi il Misuratore indietro indiretto della CB fino in A, che la CA sia 3 misure, cò le corde CE, AE 4. & 5. formeremo, come nel Num. passato, l'angolo retto ACE. Al medesimo modo, fermata vna corda in E, con questa ED 3. & con la CD si formerà l'angolo retto CED. Adunque, con vna sergentina in D, qualsiuoglia punto della ED anche allungata, per hauer forse le parti intere, e con vn' altra in F, come di sopra; haueremo i triangoli EFD, CFB equiangoli, per esser retti gli angoli E, C, & 5 eguali quei, che sono in F alla cima n &c. Onde, perche / sarà, come la EF alla ED, così la CF alla CA; opereremo, misurate le EF, ED, CF. Pie. 3. 12. & 13. per la Reg. del Tre, dicendo: Poiche la EF 3. dà la ED 12. che darà la CF 13. & Haueremo Pie. 52. per la distanza CB. Il medesimo s'intenda se bisognasse d'allungare la CE fino in H. Però in questo caso bisognerà di pigliare la HN di 4. misure, accioche, posta la corda in N, possiam formare, come in E con la CE, l'angolo retto CHG: &c.

q 15. pri.
r 32. pri.
s 4. sexti.

7. ALTRA M. Quando non si possa, per qualche cagione, formare l'angolo retto, vseremo altro artifitio. Si pianti vna sergentina in A, & vn' altra in C, ouunque si sia, purche quindi si vegga il termine B della distanza proposta. Si pigli nella AB l'interuallo AD, quanto si voglia. Et, fermata in D vna sergentina, ò vna canna, si miri verso E, piantandone vn' altra in E nella DE, che anche stia nella AC. Piglisi la FE alla ED eguale, & la FG, nella AC, che sia eguale alla FA: & si piantino due sergentine in E, G. Si miri dalla E per la G vn' altra sergentina H, che stia posta nella CB: & si misurino le CG, GH, CA, quelle in quali misure si vuole, questa nelle vsitate: e sieno 20. 41. & Br. 100. E perche ne' triangoli AED, GFE i lati FA, FD sono eguali ciascuno à ciascuno dei lati EG, FE, che tali sisono presi, e comprendono * angoli in F alla cima eguali: saranno eguali anco u gli angoli EAD, EGE, ne parallele saranno * però le rette EG, AD, cioè le GH, AB. Onde simili saranno y i triangoli CGH, CAB. Però z come la CG alla GH; così la CA alla AB. Siche dicendo: Se la CG 20. dà la GH 41. che darà la CA Br. 100. haueremo

t 15. pri.
u 4. pri.
x 27. pri.
y coroll. 4.
sex.
z 4. sex.

Br.

Br. 205. per la AB.

Quando fussino astretti à far l'angolo BDI ottuso , posta
la DB la distanza da misurarsi : allungheremo la BD fino in
A. Erirata la AG, come di sopra la DE, & presa la FG eguale alla EA , e la FE eguale alla FD : la retta EH , tirata da E
per G, sarà pure, per le medesime ragioni, nel triangolo DBI
parallella alla DB . Per lo che , se le parti della EH diranno le
parti della EH : le parti della ID daranno le parti della DB,
per le dimostrationi medesime .

8 ALTRAM. Poste le medesime canne in A , C ; se ne
pianti vn' altra in D nella AB ouunque si sia . Si misurino le
CA , CD , & sieno Br. 100. Br. 87. Nella CA si pigli la CE di
100. misure, quai si sieno, Palmi, Sommessi, che so io ? & nella CD la CF misure 87. della medesima grandezza . E, poste
in E , F due canne: dalla canna E per la F si osserui vna canna
G, posta nella CB, & si misuri la EG nelle parti della CE 100.
& ne sia 205. Tanto sarà la AB, 205. Br. Peroche essendo sta-
ti CA , CD segati proportionalmente in E , F , per esser del
medesimo numero di parti tante le CE , CA , quante le OF,
CD : la EF , cioè la EG , sarà alla AD , cioè alla AB, paral-
. : Simili adunque saranno i triangoli CEG, CAB. Et però,
come la CE alla EG , così sarà la CA alla AB . E' perciò mi-
tando

a 1. sex.
b coroll.
sex.
c 4. sex.
d 16. quinti

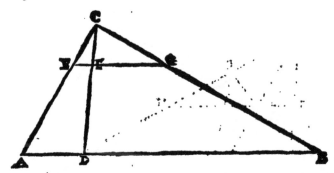

tando, come la CE alla CA, così la EG alla AB. Ma le CE, CA sono del medesimo numero di parti. Adunque saranno del medesimo numero di parti anche le EG, AB. Per la qual cosa, sicome la EG è 205. parti delle 100. della CE; così la AB sarà 205. parti delle 100. della CA, che sono Br..&c. Il medesimo, se l'angolo BAC venisse ottuso.

AVVISO. Se la distanza proposta fusse la DB, ne potessimo entrare in essa DB, ci tireremo adietro indiretto fino in A. Et trouata al medesimo modo la distanza AB, ne cauerem poi la AD: &c.

9 ALTRAM. Quando la distanza sia poca cosa, come se sopra d'vn fosso si hauesse, per ponte à buttare vna traue,

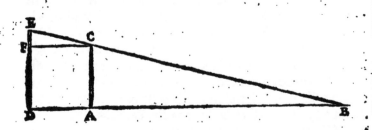

& si volesse prima sapere la larghezza, per non far l'oper indarno; si pianti vna canna AC in A, estremo della pro sta distanza AB: la qual canna sia nota per esempio di Pi Poi con vn'altra DE lunga Pie. 6. cioè vna misura più

AC,

AC, ci tireremo tanto indietro indiretto alla AB , finche ; essendo ella in D ; dalla cima E per la cima C si vegga l'estremo B, nell'orizonte, come si disse nel Num.4. Misurisi la DA in quali parti si vogliano : che'l prodotto d'esse parti nelle parti della AC ne darà le parti della AB nelle parti della DA. Da F , estremo del quinto Pie. intendasi tirata alla cima C la FC . Perche dunque tanto la AC,quanto la DF sono perpendicolari all'orizonte ; che così s'intende sempre, che si faccia : e elle saran trà loro parallele. Ma sono anche eguali. *e 6. undec.* Eguali f dunque, & parallele saranno anche le FC, DA. Et *f 33. pri.* perche ne' triangoli EFC , CAB sono *g* eguali tanto gli angoli FEC ,ACB, quanto gli FCE, ABC, *h* &c. essi triangoli saranno equiangoli. Et però, *i* come la EF alla FC,così la CA alla AB. Dirassi per tanto. Se la EF 1. dà le parti della FC, cioè della DA,che darà la AC 5? Perche cioè l'unità,dividendo qual si voglia numero, lo lascia come lo truoua ; se moltiplicheremo le parti della DA , nelle parti 5. della AC ; il predotto , sarà la distanza AB, &c.

g 29. pri.
h 32. pri.
i 4. sext.

Inuestigare vna distanza orizontale , compresa dalle base di qualche altezza perpendicolare nota , sù la quale il Misuratore si truoui, al suo termine nell'orizonte . Prop. III.

1 CON LO SQVADRO . Sia il Misuratore sopra la perpendicolare altezza CF alta Pie.76.& habbiasi quindi à misurare la distanza AB, contenuta trà la base A di dett' altezza , & il termine B nell'orizonte. Sù'l piano EG dell'edifitio, il qual piano si suppone ad esso orizonte equidistante; si accommodi sopra l'asta CD lo Squadro del Num.2. della 1. Prop. Et, visto, per vna delle fessure, il termine B ; si osserui per l'altra in croce vn segno E nel piano EG:& si lasci cadere il filo DC, &c. Misurisi esso filo DC, & l'interuallo CE, in quai parti si vuole. Sieno, per esempio, Onc. 48. 30. Perche dunque, intendendo prolungato il filo DC in F, ne' triangoli ECD, DFB , che sono nel medesimo , gli angoli ECD, DFB sono retti, & però eguali ; & o CED è eguale all'angolo FDB, per questo, che, essendo

D sendo

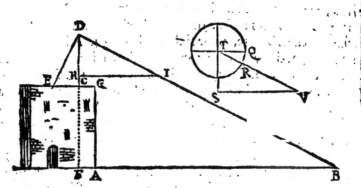

a 32. pri. ſendo gli angoli CED, CDE nel triangolo ECD, * eguali ad
vn retto, & retto è l'angolo EDB, per coſtruttione; & però
ſe ſene caui il comune CDE, i rimanenti CED, FDB è chiaro,
che ſono eguali ; & * eguali per conſeguenza ſono anco gli
-altri due CDE, FBD : eſſi triangoli ſaranno equiangoli. Et
b 4. ſeu. però, *b* come la CE alla CD, coſì ſarà la FD alla FB; Diraſſi
dunque. Poiche la CE 30. dà la CD 48. che darà la FD 80.
compoſta della FG Pie. 76. & del filo DC Pie. 4? Haueremo
c 34. pri. per la FB Pie. 128. da' quali cauatane la CG, *c* cioè la FA : il
rimanente ſarà là AB, diſtanza propoſta.

  2 ALTRAM. Sopra l'aſta CD, accommodato lo Squadro del Num. 3. della Prop. 1. reſti ſegnata nel circolo QR la
circonferenza in R, nel permirare l'eſtremo B. Preſa nel ſemidiametro TS, corriſpondente alla DF, la TS, quanto
d 11. grande vogliamo; dal punto S ſi *d* tiri ad eſſa TS la perpendicolare SV, che con la TV, tirata dal centro T per R, s'incontri in V. Si ſarà oſſeruato, come è manifeſto, eſſo termine B ſotto la quantità dell'angolo STV, che è'l medeſimo,
con l'FDB. Poſta la TS 100000. ſi truouino, per il noſtro
Lemma, le parti della SV. Ella ſarà 160000. Cioè ſe ſi pig-
la DH eguale alla TS, & da H ſi *d* tiri alla DF la perpendicolare HI, che ſeghi la DB in I : ſarà la DH 100000. la H
160000. peroche'l triangolo TSV, & il DHI non ſono due,
ma vn ſolo, come è manifeſto, per l'operatione. Et anch
                                                        la

la FB è alla DF perpendicolare. e però : faranno parallele le
HI, FB : & fimili per tanto i triangoli DHI, DFB. Adunque , e come la DH alla HI, così la DF alla FB . Et b permutando , come la DH alla DF , così la HI alla FB . Posta dunque la DF 100000. la FB farà 160000. Diciamo dunque. Se
la DF 100000. è Pie. 80. quanto farà la FB 160000? Froue-
remo per essa FB Pie. 128. Sene cauerà la CG : &c.

3 SENZA SQVADRO. Con vna sergentina CD. Onc.
48. tenuta in tal luogo C, che dalla cima D per l'angolo E si
vegga l'estremo B, haueremo eseguito l'operatione. Misu-
rifi la CE , & sia Onc. 92. & l'altezza AE Pie. 80. Et perche
le CD , AE sono : parallele , per essere ambedue perpendicolari all'orizonte : gli angoli CDE, AEB ne' triangoli CED,

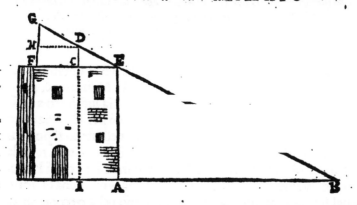

ABE , k saranno eguali. Et k eguali sono anche i CED, ABE,
essendo parallele ancora le CE , AB ; & i C, A sono retti.
Onde saranno equiangoli essi triangoli. Però, l come la CD
alla CE , così farà la AE alla AB . Per la qual cosa diremo.
Se la CD 48. dà la CE 92. che darà la AE Pie. 80? Troueremo per la proposta distanza AB Pie. 153⅓.

4 ALTRAM. Ma , se non potessimo seruirci dell'angolo, ò taglio E del muro, fermisi vna canna CD in C, per esempio, di Onc. 24. Con vn'altra maggiore, ò con vna sergentina FG , diciamo , di Onc. 48. ci tireremo tanto indietro, finche,

D 2

che, stando in F, per le cime G, D si vegga il terminale B. Misurisi la FC, & sia Onc. 46. Intendasi tirata la DH alla CF parallela, & allungata la DC sino in I. Perche dunque *m* sono
parallele le canne CD, FG, per esser elle perpendicolari all'o-
rizonte, &c. il quadrilatero CDHF sarà parallelogrammo: *
& però eguali tanto le CF, DH, quanto le CD, FH. Adunque la HG sarà Onc. 24. essendo 48. tutta la FG. : & 46. sarà
la HD. In oltre l'angolo DHG sarà retto, come il CFG.
Per lo che, concluderemo, come nel Num. passato, douersi
dire. Se la HG 24. dà la HD 46. che darà la DI Pie. 82½ La
CI è Pie. 80. & la CD Onc. 24. è Pie. 2. Haueremo per la IB
Pie. 157½. Cauatane la CE, &c. rimane la AB, &c.

m 6. vnit.

n 34. pri.

o 29. pri.

Misurare vna distanza orizontale, che stia indiretto al luogo del
Misuratore, posto nel medesimo piano dell'orizonte:
ma che però non si possa auuicinare ad alcuno
degli estremi suoi. Prop. IV.

CON LO SQVADRO. Sia la AB la distanza, che
si dee inuestigare; C il luogo del Misuratore, posto
nel piano dell'orizonte: il qual luogo C sia indiretto ad essa
AB, cioè che, se ella si allungasse, passasse per C. Piantato
in C lo Squadro, & visti per vna fessura nell'istesso tēpo i due
estremi A, B ; postoui sopra il circolo EF del Num. 1. della
1. Prop. col semidiametro CE nella fessura CB: voltisi l'istrumento finche per la fessura CF si vegga vna canna H sotto
qual si voglia angolo BCH. Et impresso nella circonferenza
EF vn taglio F, si lieui lo Squadro, & si porti in vn luogo G
della CH, donde si veggano i due estremi A, B: & sia la CG
Br. 100. Nella retta CF in carta, ò nella DF, che è la medesima, si pigli la DG di 100. parti di vna scala, quante furono
in Br. le misure della CG. Et fatto centro il punto G, & descritto il circolo IKL eguale all'EF, &c. piantato lo Squadro
in G, & aggiustato in modo, che per vna delle fessure si vegga la canna lasciata in C ; vi si metterà sù esso circolo IKL
col diametro HI nella fessura GC, &c. Così, tenuta immobile la carta, si volterà la fessura agli estremi A, & B; & impri-
meranno si

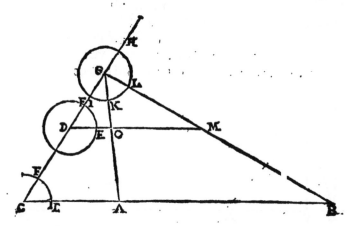

merannosi i segni K, L, &c. Se dunque da' centri D, G per E,
K, L si tirino le DM, GO, GM : si farà eseguito quanto biso-
gnaua . Peroche , quante parti farà la OM di quella scala ,
oue si prese la DG 100. Tante Br. farà la AB , distanza proposta . E manifesto , che gli angoli in G, come anche i GDM,
GCB tanto in carta , quanto in terra , sono eguali , per esser
la medesima cosa . *Saran dunque parallele le DM , CB : e   ^a 28. pri.
però ^b eguali anco gli angoli GOD , GAC . Et l'angolo CGA   ^b 29. pri.
è comune al triangolo GDO,& al GCA . Onde saranno equi-
angoli essi triangoli. ^c Come dunque la GD alla DO, così sa-   ^c 4. sex.
rà la GC alla CA . ^d Et come la DO alla OM, così la CA alla   ^d sch. 4. sex.
AB . Adunque, ^e per la egual proportione, come la GD alla   ^e 22. quinti.
OM , così la GC alla AB. ^f Et permutando come la GD alla   ^f 16. quinti.
GC , così la OM alla AB . Ma le GD , GC sono di egual nu-
mero di parti . Anche le OM , AB dunque saranno eguali nel
numero delle parti rispondenti alle GD , GC . Quante parti
adunque 144. è la OM nella scala della GD 100. tate cioè 144.
saranno le parti della AB , delle 100. della GC , che sono Br.

   AVVISO . E manifesto, che, se l'angolo, che si forma in C,
sia retto , basterà vn sol circolo IKL . Poiche preso l'angolo
CGB , & la GD di 100. parti , la DM si tirerà poi perpendicolare alla GC , &c.

2 ALTRAM. Se la diſtanza propoſta non ſia molta ɗ
ſeruiremo dello Squadro del Num. 2. della 1. Prop. Si pianti
eſſo Squadro in C. Et viſto per vna delle feſſure il più remoto termine B ; ſi oſſerui per l'altra in croce vn ſegno E nell'o-
rizonte , doue ſi pianti vna canna EG ad eſſo orizonte per-

pendicolare. Miriſi il men remoto termine A : & per l'altra
feſſura in croce ſi oſſerui nella canna EG vn punto F ; & ſi la-
ſci cadere il filo DC. Miſurinſi le EC, EF in quai parti ſi vogliano , & il filo DC in quelle , nelle quali cerchiamo la notitia della AB. Sieno 20. 48. & Pie. 5. Perche dunque , intendendo tirata la DG alla CE parallela , *g* l'angolo CDG è retto , come gli angoli in C ; & retto è anche lo ADF per coſtruttione , ſe dall'vno, & dall'altro ſene caui il CDF : i rimanenti ADC, FDG ſaranno eguali . Ma anche *h* l'angolo DGE
è retto , per eſſere oppoſto al retto DCE nel parallelogrammo DCEG : peroche anco le DG, GE *i* ſono parallele, per eſſere ambedue all'orizonte perpendicolari . Adunque ne' triangoli ADC, FDG ſaranno *k* eguali anche gli altri angoli CAD,
GFD: & però equiangoli eſſi triangoli . Et ne' triangoli ADB,
FDE *l* ſono eguali gli angoli DAB , DFE , conſeguenti di angoli eguali , &c. Appreſſo , ſe dai retti BDE , ADF ſe ne caui
il comune ADE; ſaranno eguali anche i rimanenti BDA, EDF:
& *m* eguali però anche gli altri ABD , FED . Siche ancora i
triangoli ADB, FDE ſaranno equiangoli. Adunque, *n* come
la DG alla DF, così la DC alla DA : & *n* come la DF alla FE,
così la DA alla AB. Sarà per ciò, *o* per la egual proportione ,

g 29. pri.

h 34. pri.

i 6. vndec.

k 32. pri.

l 13. pri.

m 32. pri.

n 4. ſext.

o 22. quinti.

ne ,

ne, come la DG alla FE , così la DC alla AB . Diremo per
tanto . Se la DG, cioè la eguale CE 20. dà la FE 48. che da- p 34. pri.
rà la DC Pie. 5? Haueremo per la diſtanza propoſta AB
Pie. 12, &c.

3   SENZA SQVADRO . Sia la MB la retta da miſurarſi, & C il luogo del Miſuratore . Fatto in C l'angolo retto BCE, & in E il retto CED, come ſi è inſegnato nel Num. 6.
della Prop.2.col reſto, che ſi è quiui eſeguito, per vedere il termine B : ſi vada sù per la ED tanto, che, eſſendo il Miſuratore con vna ſergentina in K , per quella, che ſi farà laſciata in
F , ſi vegga da K il men remoto eſtremo M : & ſi miſurino le
EF, KD in quali parti ſi vogliano, & la CF in quelle, nelle
quali ſi vuol far nota la MB : & ſieno 28. 79. & Br. 58. Et
perche ne' triangoli EFK , CFM gli angoli E, C ſono per co-   q 15. pri.
ſtruttione retti, & eguali ſono gli angoli in F alla cima, &   r 29. pri.
eguali parimente gli FKE, FMC, per ſ eſſer parallele le CB,   ſ 27. pri.
ED : eſſi triangoli EFK , CFM ſaranno equiangoli. Tali ſaranno ancora i triangoli KFD , MFB , per gli angoli eguali   t 29. pri.

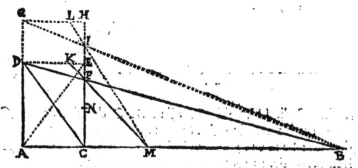

KDF, MBF : FKD, FMB : KFD, MFB. Però, come la   u 15. quinti.
EF alla FK , così la CF alla FM : & come la FK alla KD,   x 4. ſex.
così la FM alla MB. Adunque, per la proportione eguale,   y 22. quinti
come la EF alla KD, così la CF alla MB. Siche dicendo: Se
la EF 28. dà la KD 79. che darà la CF Br. 58. haueremo Br.
$163\frac{9}{14}$. per la diſtanza MB propoſta .

   AVVISO . Quando, per quel, che ſi diſſe nell'Auuiſo del
                                                    Num.

Num. 5. della 2. Prop. bisognasse di allungare la CH fino in H, opereremo al medesimo modo in L per I , come si è fatto in K per F , &c.

4   ALTRAM. Sia la KB la distanza proposta , & A il luogo del Misuratore , come se si hauesse da misurare la AB . Si faccia la medesima operatione del Num. 7. della Prop. 2. Et di più con vna sergentina in C si miri il termine K meno remoto , facendo piantare vna canna in L , che mirandola di C per la sergentina, & per il termine K , stia nella CK ; parimente stia nella EH , mirata dalla sergentina, ò canna E per la G, &c. Adunque per la dimostratione del 1. Num. sarà co-

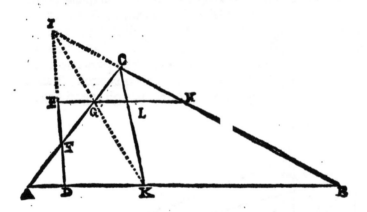

me la CG alla LH, così la CA alla KB . Onde, misurate le CG, LH in quali parti si vuole , & trouate per esempio 30. & 40. diremo : Se la CG 30. dà la LH 40. che darà la CA Br. 100. haueremo Br. 133⅓. per la proposta distanza KB.

Parimente., se D sia il luogo del Misuratore , & si sia fatto il triangolo DBI , per il sopracitato Num. 7. con l'angolo D ottuso ; tirata la IK , come di sopra , diremo , per la ragion medesima ; Se le parti della IE danno le parti della GH , misurate le IE, GH in quai parti si vuole : che darà la ID , per esempio Br. 100.? Haueremo la KB in Br. &c.

5   ALTRAM. Potremo tirare la parallela GH , ò EH alla

alla base AB, ò DB del triangolo formato anco per lo Num. 2. della medefima 2. Prop. & poi operare, come fi è fatto nel Num. 4. di quefta. Di che, per effer la cofa manifefta, non fene reca efempio.

6 ALTRAM. Quando la diftanza propofta fia picciola, ci feruiremo di quefto artifitio. Sia la AB la diftanza, & C il luogo del Mifuratore. Si pianti in C vna canna CI perpendicolare, &c. di Onc. per efempio, 36. Con vna fergentina DE maggiore, come di Onc. 60. fi vada tanto adietro per la BC, che, pofta in D ; dalla cima E per la cima I fi vegga il termine A men remoto. Lafcifi vn fegno in D. Et portata effa fergentina più adietro fu per la BC medefimamente, fi fermi in tal luogo F, che dalla fua cima G, per la cima I fi vegga il più remoto eftremo B. Mifurifi la FD, & fia Br. 20.

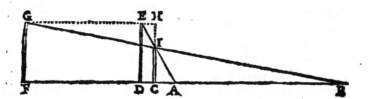

Intendafi giunta la GE, & protratta tanto, che concorra in H con la CI allungata. Perche dunque le CH, DE, FG fono perpendicolari all' orizonte, y elle faran trà loro parallele. Ma le DE, FG fono anco eguali. Eguali z faran dunque le GE, FD, & parallele le GEH, FDC: e però parallelogrammo il quadrilatero CE ; & per confeguenza a eguali le DC, EH: DE, CH, a & retto l'angolo H, come è retto il D oppofto. Adunque ne' triangoli IHE, ICA nel piano medefimo fono eguali gli angoli retti H, C, b eguali quei, che fono alla cima I, & c eguali gli alterni IEH, IAC, &c. Sono dunque effi triangoli equiangoli. Tali fono anche gli IEG, IAB per le medefime ragioni, c pofti eguali gli alterni E, A in vece de' retti. Per il che farà, d come la IH alla IE, & la IE alla EG ; così la IC alla IA, & la IA alla AB. Dunque e per la

E   egual

y 6. undec.
z 33. pri.

a 34. pri.

b 15. pri.

c 29. pri.

d 4. fex.

e 22. quinti.

eguàl proportione, come la IH alla EG, coſì la IC alla AB.

f 16. *quinti.* &, ſ permutando, come la IH alla IC, coſì la EG alla AB.
Onde dicendoſi: Se la IH Onc. 24. differenza trà la canna CI,
& la ſergentina DE, dà la IC Onc. 36. che darà la EG, cioè
la DF Br. 20. Haueremo Br. 30. per la AB, &c.

Da vn' altezza perpendicolare nota inueſtigare la medeſima diſtanza
orizontale. Prop. V.

1 CON LO SQVADRO. Dal luogo C dell'altezza
CG di Br. 82. habbiaſi à miſurare il medeſimo interuallo AB, poſto indiretto, &c. ad eſſo luogo C. Accommodato in C lo Squadro del Num. 2. della 1. Prop. & veduto per vna delle feſſure il più remoto termine B; ſi oſſerui
per l'altra in croce vn ſegno E nel piano CE, nel qual punto
E ſi erga (perpendicolare s'intende ſempre all'orizonte) vna
ſergentina EH. Si miri per vna delle feſſure pure l'altro termine A, & per l'altra in croce ſi oſſerui in eſſa ſergentina
vn punto F: &, laſciato cadere il filo DC, ſi miſurino le CE,
FE inſieme con eſſo filo. Sieno quelle Onc. 21. Onc. 25. peroche in quai parti vogliamo poſſono miſurarſi: queſto Br.2.

a 31. *pri.* Intendaſi allungato il filo DC, e a tirata la DH parallela alla
b 6. *vndec.* CE. Perche dunque ſono parallele anche b le CD, EH, per
eſſer perpendicolari all'orizonte; il quadrilatero CDHE ſarà
c 34. *pri.* parallelogrammo, & però c eguali le CE, DH, & c retti gli
angoli D, H, come gli oppoſti E, C. Si conſiderino i triangoli DHE, DGB, che, come è manifeſto, ſono nel medeſimo
piano. Adunque perche in eſſi ſono retti gli angoli H, G, &
eguali gli HDE, GDB; che tali rimangono, ſe da' retti CDH,
d 32. *pri.* BDE ſene caui il comune GDE: anche d gli angoli DEH, DBG
ſaranno eguali. Cauiſi il comune ADE da' retti ADF, BDE.
Rimarranno eguali gli FDE, ADB. Et ſi ſono dimoſtrati
eguali gli angoli HDE, GDB. Eguali ſaranno dunque anche
gli HDF, GDA, rimanenti della ſottrattione di angoli eguali
FDE, ADB dagli eguali HDE, GDB. Perche dunque ne' triangoli FDH, ADG: FDE, ADB ſono eguali in quegli gli angoli DHF, DGA: HDF, GDA; & in queſti gli FED, ABD:

FDE,

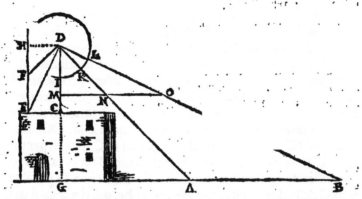

FDE, ADB : faranno ancora eguali in quelli gli HFD, GAD, & gli DFE, DAB in quefti. però equiangoli faranno effi triangoli à due per due. Per la qual cofa farà, come la DH alla DF, così la DG alla DA ; & come la DF alla FE, così la DA alla AB. Sarà dunque, f per la egual proportione, come la DH alla FE, così la DG alla AB. Per tanto dicafi. Se la DH, cioè la eguale CE 21. dà la FE 25. che darà la DG Br. 84. compofta delle CG, DC? Haueremo per la AB Br. 100.

2 ALTRAM. Ci feruiremo ora dello Squadro del Num. 3. della 1. Prop. Nel permirare i due eftremi A, B, fi fia fegata la circonferenza in K, L. Al femidiametro DI di effo circolo, allungato, fe ci piace, fi erga la perpendicolare MO, che dalle rette DN, DO, tirate in carta dal centro D per li punti K, L, refti fegata in N, & O. Per lo noftro Lemma, pofta la DM 100000. fi truouino le parti della NO. Haueremo per effa 119048. Perche dunque b la MO è parallela alla GB, i triangoli DMN, DGA faranno fimili: & però come la DM alla MN, così farà la DG alla GA. Et come la MN alla NO, così è la GA alla AB. Adunque, per la egual proportione farà, come la DM alla NO, così la DG alla AB. Per la qual cofa, pofta la DG 100000. farà la AB 119048. Diraffi dunque. Se la DG 100000. è Br. 84 quanto farà la AB 119048? Troueremo per effa AB Br. 100. vna

e 4. fex.

f 22. quinti.

g 11. pri.

h 28. pri.
i coroll. 4.
fex.
k 4. fex.
l fchol. 4.
fex.
m 22. quin.

E 2 infennſenſibile parte di più.

3 ALTRAM. Fatte le medeſime oſſeruationi, da qual ſi voglia ſcala ſi pigli la DM di 84. parti , quante ſono le Br. della DG. Con la coſtruttione ſteſſa , quante parti 100. ſarà la NO nella ſcala detta ; tante Br. 100. ſarà la diſtanza AB. E manifeſto. Concluſo, come di ſopra , eſſere , come la DM *m 16.quinti* alla NO, coſi la DG alla AB: ſarà , *m* permutando, come la DM alla DG, coſi la NO alla AB. E però ſaranno del medeſimo numero di parti le NO, AB, come le DM, DG : &c.

4 SENZA SQVADRO. Si pianti in C vna ſergentina CD , Onc. per eſempio, 48. Il qual punto C ſia in tal luogo , che , eſſendo egli indiretto con la AB; dalla cima D per il taglio G dell'edifitio HC, per eſempio, Br. 96. ſi vegga il men remoto termine A. Si lieui la ſergentina CD ; & laſciato vn

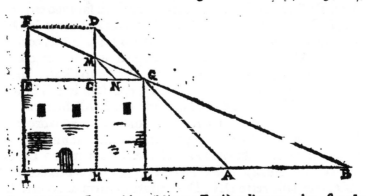

ſegnò in C , ſi porti in tal luogo E più adietro , che , ſtando indiretto alla AB; da F cima per il medeſimo punto G ſi vegga il più remoto termine B. Miſuriſi la CE, & ſia, per eſempio, Onc. 56. Perche dunque *n* le CD, EF ſono parallele, per *n 6. vndec.* eſſer perpendicolari all'orizonte, & ſono eguali: ſaranno *o* & *o 33. pri.* parallele, & eguali anche le CE, DF, giunta eſſa DF. Ma ſono ancora parallele le EC, IB, ſupponendoſi il piano EG equidiſtante all'orizonte IB , & eſſendo chiaro , che eſſe rette con tutte l'altre ſono nel medeſimo piano. Anche dunque *p* le FD, *p 30. pri.* IB ſaranno parallele. Perche dunque ne'triangoli DCG, GLA

gli

gli angoli C, L fono retti, & 1 eguali i DGC, GAL, &c. effi   q 29. pri.
triangoli faranno equiangoli . Et tali fono ancora i triangoli   r 32. pri.
GDF, GAB, per gli angoli alterni GFD, GBA : GDF, GABſ   ſ 29. pri.
eguali, & ſ per li eguali in Galla cima . Adunque farà, ＊ co-   t 15. pri.
me la DC alla DG, così la GL alla GA : & ＊ come la DG alla   u 4. ſex.
DF, così la GA alla AB . Et ＊ per la egual proportione, cò-   x 22. quinti
me la DC alla DF, così la GL alla AB . Onde diraſſi . Se la
CD 48. dà la DF, y cioè la CE 56. che darà la GL Br. 96? Tro-   y 34. pri.
ＢＢeremo per la AB Br. 112.

5 ALTRAM . Oſſeruato il termine A, con la fergentina
CD, come di fopra ; con vn' aguto , applicato con la punta
in M, tenendolo alla CD perpendicolare, ſi miri il più remoto termine B in maniera, che per vna linea retta MGB ſi vegga & la punta del chiodo M , & il taglio G del muro , & l'eſ-
ſtremo B . Et premuta alquanto la punta d'eſſo chiodo, ſi miſurino le MC, CG . Sieno, per mutare eſempio, Onc. 28. Onc.
44. & la GL Br. 90. Dicaſi per la Reg. del Tre . Se la CD Onc.
48. (tanto ſi pone anche quì) ne dà la MC Onc. 20. che darà
la CG Onc. 44? Haueremo Onc. 18⅘. & tanto farà lòntano da
C il punto N, che noi intendiamo d'inueſtigare , accioche diuida la CG nella proportione medeſima, che'l punto M diui-
de la CD . Cioè eſſendo, che così ſi è fatto, come la DC alla
MC, così la GC alla NC; farà , ＊ conuerſamente diuidendo,   z ſchol. 17.
come la MC alla MD, così la NC alla NG . Per la qual cofa,   quinti.
giunta la MN , ella farà ＊ parallela alla DG, cioè alla DGA .   a 2. ſix.
Et ᵇ parallele fono anche le DC , GL, all'orizonte perpendi-   b 6. undec.
colari . Onde gli ᶜ angoli CDG, LGA faranno eguali . Et al-   c 29. pri.
l'angolo CDG ᶜ è eguale l'angolo CMN . Eguali faran dun-
que trà di loro gli angoli CMN , LGA ne' triangoli CMN,
LGA . Ma fono eguali anche gli angoli retti C, L: &, per confeguenza, ᵈ eguali faranno ancora i CNM, LAG. Adunque fa-   d 32. pri.
ranno equiangoli effi triangoli CMN, LGA . Tali faranno
anche i triangoli NMG, AGB , per gli angoli MNG, GAB   e 13. pri.
eguali , come di angoli eguali confeguenti ; & per gli NMG,   f 29. pri.
AGB ſ eguali pure, ſ &c. Per la qual cofa farà, ᵇ come la MC   g 32. pri.
alla MN, così la GL alla GA : & ᵇ come la MN alla NG, così   h 4. ſen.

la

la GA alla AB. Adunque, [b] per la egual proportione, come la MC alla NG, così la GL alla AB. Però dicasi. Se la MC Onc. 20. dà la NG 25 ½. differenza delle CN, CG 18 ½. 44. che darà la GL Br. 90? Haueremo per la AB Br. 115 ¼.

Misurare vna distanza orizontale, contenuta dal perpendicolo di qualche altezza incognita, al suo termine nell'orizonte, con due stationi, fatte nel piano della proposta altezza. Prop. VI.

1 CON LO SQVADRO. Sia la AB la distanza da misurarsi dal piano CG dell'altezza AC incognita. Accommodato in C lo Squadro del Num. 3. della 1. Prop. siasi osseruato il termine B sotto la periferia EF. Leuisi lo Squadro di C; &, lasciatoui vn segno C, si porti in G adietro indiretto alla AB: & quiui si faccia la medesima osseruatione sotto la quantità dell'arco IK; & misurata la GC, sia

a 11. pri.
Br. 40. Al semidiametro HI in carta [a] si erga da qualsiuoglia punto L vna perpendicolare LN, la quale resti segata in M, & N dalle rette HM, HN, tirate dal centro per li tagli F, K Per lo nostro Lemma, posta la LM 100000. si truouino le parti della MN: & sia 44315. Et perche il piano GC dell'e-

b 16. onde.
difitio AC si soppone parallelo al piano PB [b] dell'orizonte; saran parallele anche le GC, PA, comuni settioni di essi piani, & del piano, che passa per le aste DC, HG. Et ancora le

c 6. onde.
DCA, HGP [c] sono parallele, prolungate le DG, HG fino al piano PA, per esser elle perpendicolari all'orizonte. Onde il

d 34. pri.
quadrilatero CGPA sarà parallelogrammo; & [d] eguali però le CA, GP. Intendasi allungata la HM finche sega la PB in O. Perche dunque ne' triangoli BAD, OPH, che sono nel medesimo piano, sono eguali gli angoli ADB, PHO, per essere essi vna cosa stessa, come è chiaro; & eguali sono anco gli angoli DAB, HPO retti, & i lati DA, HP parimente eguali, come quelli, che sono composti delle aste DC, HG eguali, & delle CA, GP, che, come si è dimostrato, sono eguali mede-

c 26. pri.
simamente: [e] eguali saranno anche le AB, PO, [e] & eguale l'angolo ABD all'angolo POH. Adunque saran parallele le
DB.

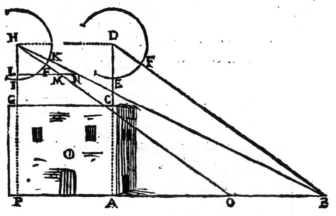

DB, HO. Et, giunta la HD, ſ anche le HD, PA, cioè PB ſa- f 33.pri.
ran parallele : & parallelogrammo il quadrilatero DBOH.
Eguali ſ ſaran per tanto le HD, ʰ cioè GC, OB. Sarà dunque g 34. pria
h 33.pri.
la OB Br. 40. quanto è la GC. Et le PB, LN ⁱ ſono parallele i 28.pri.
ancor eſſe, per gli angoli in P, L retti. Per la qual coſa ſarà, ᵏ come la LM alla MN, coſì la PO alla OB ; cioè coſì la k ſchol.
ſex.
AB eguale alla PO, alla OB. Per lo che poſta la AB 100000.
quanto la LM, la OB ſarà 44315. quanto la MN. Dicaſi
dunque. Se la OB 44315. è Br. 40. che ſarà la AB 100000?
Troueremo per eſſa AB Br. 90½. pochiſſimo più.

2 SENZA SQVADRO. E il monte AG, & B vn ſegno
nell'orizonte, C il luogo del Miſuratore. Si deſidera la diſtanza, AB, compreſa tra'l ſegno B ; & il perpendicolo A
del luogo C, protratto fino al piano NB dell'orizonte. Si
pianti vna ſergentina in C. Et con vn'altra maggiore ſi ſcoſti il Miſuratore indiretto alla AB tanto; che, poſta in E, dalla cima F per la cima D, ſi vegga il termine B. Miſuriſi la CE,
ſia Pal. 27. Laſciato vn ſegno in E, ſi porti indietro la mag-
ſergentina. Et fermata in G al medeſimo modo ; ſi ag-
la minore in tal luogo I, che per K da H ſi vegga il me-
imo termine B. Miſurinſi le EG, IG, & ſieno Pal. 38. Pal.
35. Intendaſi tirata la DL, per D, K, che ſeghi le EF, GH
in

in M, & L. Perche dunque le CD, IK, perpendicolari all'o-
rizonte, l fono parallele, & eguali : faran m parallele anche
le DK, CI, cioè le DL, CG. Et anco le perpendicolari EF,
GH n fono parallele. Adunque il quadrilatero EGLM farà
parallelogrammo : & però o eguali le EM, GL ; & eguali le
rimanenti MF, LH, effendo le EF, GH vna grandezza medefima. Et anche fono, per le ragioni addotte, parallelogrammi i quadrilateri DCEM, KIGL ; & però o eguali le
DM, CE : KL, IG. Et perche la EC, cioè la eguale MD, è
minore della GI, cioè della eguale LK : fi pigli la LP ad effa

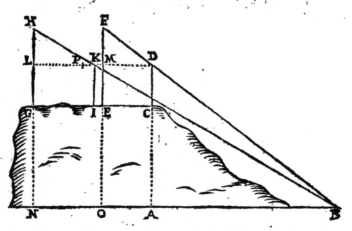

MD eguale. Ora, conciofiacofache il piano GC fi ponga parallelo al piano NB dell'orizonte ; faran p parallele anche le
GC, NB, comuni fettioni di effi piani, & del piano, che paffa per le fergentine, &c. & per confeguenza q parallele faranno le LD, NB. Intendanfi allungate le FE, HG fino in O,
N. Saranno r le EO, GN eguali, per il parallelogrammo E-
GNO, effendo effe EO, GN parallele, come linee medefime
con le parallele EF, GH. Se dunque alle eguali EO, GN fi ag-
giungano le eguali EF, GH : le FO, HN faranno eguali. Perche dunque nel triangolo HBN la LK è parallela alla NB, fi
triangoli HKL, HBN faranno fimili. Però, t come la HL alla
LK.

16. vndec.
m 33. pri.

n 6. vndec.

o 34. pri.

p 16. vndec.

q 30. pri.

r 34. pri.

f coroll. 4.
fex.
t 4. fex.

LK,così farà la HN alla NB. Et, ‖ permutando,come la HL, alla HN , così la LK alla NB . Per la medesima ragione,farà, come la FM alla FO , cioè come la HL alla HN , così la MD, cioè così la eguale LP , alla OB . ✕ Onde la proportione della LK alla NB è la medesima, che la proportione della LP alla OB, per esser ciascuna eguale alla proportione della HL alla HN , come si è dimostrato . Dimanierache , essendo, come tutta la LK à tutta la NB , così la parte tratta LP alla parte tratta OB : y farà la rimanente PK alla rimanente NO , come tutta la LK à tutta la NB . ✛ Et permutando , come la rimanente PK à tutta la LK,così la rimanente NO , ‖ cioè la eguale GE , à tutta la NB .

Siche la somma di questa molto sottile operatione farà tale . Cauisi la prima statione EC eguale alla MD,cioè alla LP, che è Pal. 27. dalla seconda statione Pal. 35. eguale alla LK. Rimane la PK Pal. 8. Si dica . Se la PK Pal. 8. dà la LK Pal. 35. che darà la GE , distanza delle maggiori sergentine , Pal. 38? Haueremo per la NB Pal. 166½. dalla quale , se sene caui la GC Pal.65.il rimanente Pal.101½. farà la AB,distanza proposta .

AVVISO . Se la GE differenza delle stationi,si misuri in altre parti , che le altre rette , per esempio in Br. la misura della NB farà Br. Onde cauatene poi le Br. della GC: rimarranno le Br. della AB ; &c.

Di sù qualche altezza incognita misurare la medesima distanza con due stationi , fatte l'una sopra all'altra à perpendicolo. Prop. V I I.

1. CON LO SQVADRO . Di G,luogo del monté AG, si desidera di misurare la distanza AB da A , perpendicolo di esso luogo G à B , segno nell'orizonte . Eretta vn' asta GC con lo Squadro del Num. 3. della Prop, 1. siasi osseruato il termine B,sotto la periferia DE . Si misuri la CG con vn filo , & sia, per esempio, Br. 10. Nel medesimo luogo G si fermi vn' altr' asta minore GF , col medesimo Squadro , & osseruisi il medesimo termine B sotto la periferia GH . Mi-

F

surisi

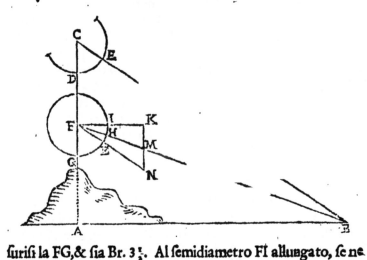

a 11. pri. ſuriſi la FG, & ſia Br. 3½. Al ſemidiametro FI allungato, ſe ne piace, ⁣ ſi tiri da vn punto K la perpendicolare KN: la quale reſti ſegata dalle FM, FN, tirate dal centro F per li punti H, E. Pongaſi la FK 100000. &, per il noſtro Lemma, ſi truouino le parti della MN. Ella ſarà 31000. E perche gli angoli b 28. pri. AFN, ACB ſono eguali, per eſſere l'iſteſſo angolo; ᵇ le FN, CB ſaranno parallele. Et ᵇ parallele ſono anche le FK, AB, per gli angoli retti AFK, FAB. Adunque ne' triangoli KMF, A- c 29. pri. FB, eſſendo retti gli angoli K, A, ᶜ & eguali gli alterni KFM, d 32. pri. ABF: ᵈ anco i KMF, AFB ſaranno eguali. E però ſaranno equiangoli eſſi triangoli. Tali ſaranno anche gli MFN, CBF, e 29. pri. per ᵉ eſſere eguali gli angoli NMF, CFB: MFN, FBC, che ſo- f 28. pri. no, à due per due, alterni trà le parallele ᶠ KN, CA: FN, CB: ᶠ g 32. pri. &c. Onde tanto i primi due triangoli, quanto i due ſecondi h 4. ſex. ſaranno equiangoli. Però, ʰ come la MN alla MF, coſì ſarà la FC alla FB: ʰ & come la MF alla KF, coſì la FB alla AB. i 22. pri. Sarà dunque, ⁱ per la egual proportione, come la MN alla KF, coſì la FC alla AB. Poſta dunque la FC 31000. quanto la MN; ſarà la AB 100000. quanto la KF. Ma la FC è Br. 6½. Dunque ſi dica. Se la FC 31000. è Br. 6½. che ſarà la AB 100000? Haueremo per eſſa AB Br. 20 10/11.

2 SEN-

2 SENZA SQVADRO. Si pianti in D vn' alabardā
DC, & con vn' altra maggiore fi fcofti il Mifuratore (poco
maggior dee effere) tanto ; che, pofta in E, dalla cima G per
la cima C, vegga il termine B. Lieuinfi le alabarde. Et ne'

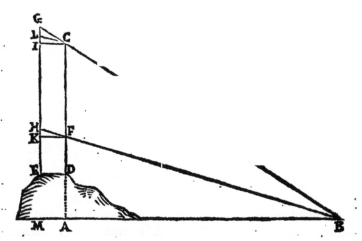

medefimi luoghi fi mettano due fergentine DF , & vn' altra
maggiore EH tanto, che dalla cima H per la cima F fi vegga
il medefimo termine B, fcortandola à poco à poco, fe fuffe
effa EH troppo lunga. Si mifuri la ED, & fia Onc. 40. Sieno
le DC, EG Onc. 90. Onc. 100. le DF, EH Onc. 43. Onc. 47.
Sarà la differenza delle alabarde Onc. 10. quella delle fergentine Onc. 4. Piglinfi le EI, EK alle DC, DF eguali : & giunganfi le IC, KF. E perche le DC, EG *k* fono parallele , per   *k 6. undec.*
effere perpendicolari all'orizonte ; & il piano ED fi pone al
medefimo orizonte parallelo, & per confeguenza *l* parallele   *l 16. undec.*
faranno le ED, MB, comuni fettioni di effi piani, & del pia-
no, che paffa per le DC, EG: *m* anco le IC, KF faran paralle-   *m 33. pri.*
le alla ED, *n* cioè alla MB, & trà loro. Et perche l'angolo   *n 30. pri.*
GED è retto ; farà *o* tale anche il GIC, & lo HKF. Adunque   *o 19. pri.*
prefa la IL alla KH eguale, & giunta la LC, ne' triangoli LIC,
HKF, effendo eguali i lati IL al KH, *p* lo IC al KF ; & com-   *p 34. pri.*
prendono tai lati eguali angoli LIC, HKF retti: *q* faranno   *q 4. pri.*

eguali anche gli angoli ICL, KFH : ILC, KHF : & per conseguenza, parallele le LC, HB, & equiangoli i triangoli LIC,
HKF. Ma all'HKF è equiangolo lo FAB, per gli angoli retti K, A, & per essere eguali, gli KHF, AFB : KFH, ABF.
Equiangoli saran dunque i triangoli LIC, FAB. Et tali sono
anco i triangoli GLC, CFB. Perche l'angolo GLC è eguale
all'angolo CFB, per esser l'vno, & l'altro di questi eguale
all'alterno LCF : & eguali sono ancora gli LGC, FCB : LCG,
FBC interni, & esterni nelle parallele DC, EG : LC, HB.
Adunque, come la LG alla LC, così sarà la FC alla FB : &
come la LC alla IC, così la FB alla AB. Per la egual proportione adunque, come la LG alla IC, così la FC alla AB.
Dicasi dunque. Se la LG Onc. 6. differenza delle differenze
delle alabarde, & sergentine, dà la IC, cioè la ED Onc. 40.
che darà la FC Onc. 47. differenza trà la minor sergentina,
& la minore alabarda? Haueremo per la distanza AB proposta Onc. 313½.

AVVISO. Se le stationi C, F si facciano in due finestre di
qualche torre, posta l'vna sopra l'altra; si auuerta, che i
centri C, F de' circoli, ò gli estremi C, F delle alabarde, pic-
che, & sergentine sieno in vna stessa retta perpendicolare
all'orizonte, il che ogni muratore saprebbe fare: & si misuri con diligenza l'interuallo CF in quai parti si vuole la AB.
Le LG, ED deono riuscire del medesimo genere. Quali parti
saranno quelle della FC, tali saranno quelle della AB. In oltre le alabarde superano l'altezza del Misuratore. Questo
non importa puoto. Si può trouar modo facilmente di permirare ancora dalla cima d'vna picca, quando le distanze
sieno grandi. Habbiasi anco auuertenza, che le aste, che si
adoperano sieno diritte.

(margin notes:)
p 28. pri.
q 29. pri.
r 4. sex.
f 22. quin.
t 34. pri.

Di sù vn' altezza non nota , per due stationi , fatte nel suo piano ,
misurare vn' interuallo trà due termini nell'orizonte , pur-
che essi termini stieno in diretto al luogo del
Misuratore . Prop. VIII.

1 CON LO SQVADRO. La distanza da misurarsi
sia la AB , &c. & C il luogo del Misuratore. Si
pianti quiui lo Squadro del Num. 3. della 1. Prop. & si osserui il più remoto termine B sotto la quantità della periferia
EF . Lascisi vn segno in C, & si trasferisca l'istrumento in G,
donde si osseruino ambedue gli estremi A , B con le periferie
IL , IK : & si misuri la GC, differenza delle stationi : la quale

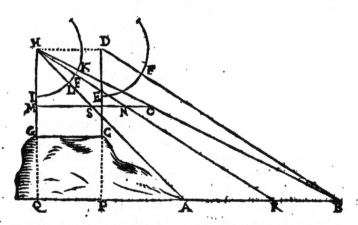

sia Br. 40. Da qual si voglia punto M del semidiametro HI
in carta , &c. a si erga ad essa HI la perpendicolare MO, che   a 11. pri
resti segata dalle HS , HN , HO , tirate dal centro H per li tagli L, F, K delle osseruationi . Per lo nostro Lemma, posta la
SO 100000. si truouino le parti della NO . Ella sarà 43960.
Si prolunghi la HN con la mente fino in R . Perche dunque
ne' triangoli DPB , HQR , intendendo protratte le DC , HG
in P, Q, i quai triangoli sono nel medesimo piano, gli angoli
PDB, QHR sono l'istessa cosa, & retti i P,Q ; b saranno egua-   b 32. pri
si anche i PBD , QRH : & c parallele però le DB, HR . Et   c 28. pri
tali

tali ſono anche le GC, QP, come ſi è dimoſtrato nel 1. Num.
della 6.Prop. & altroue più in quà. Et *d* ſon parallele anche
le HGQ, DCP perpendicolari all'orizonte. Adunque ſarà
parallelogrammo il quadrilatero CGQP, *e* & eguali però le
GQ, CP. Et anche le aſte HG, DC ſono eguali, per eſſere
vna ſola. Onde tutta la HQ ſarà à tutta la DP eguale. Per
tanto, giunta la HD, ſaran *f* parallele ancora le HD, QP, cioè
QB, cioè RB. Sarà per ciò parallelogrammo il quadrilatero DBRH: *g* & eguali per conſeguenza le HD, RB. Ma alla
HD è *f* eguale la GC: & queſta è Br. 40. Sarà dunque Br.40.
anche la RB. Et perche l'angolo HMO è retto, come lo H-
QB; *h* le MO, QB ſaran parallele ancor eſſe. Adunque nel
triangolo AHB ſarà, *i* come la SN alla NO, coſì la AR alla
RB. Et *k* componendo, come la SO alla NO, coſì la AB alla
RB. Siche dunque, poſta la AB 100000. la RB ſarà 43960.
Per lo che ſi dica. Se la RB 43960. è 40. Br. quanto ſarà la
AB 100000? Haueremo per la diſtanza AB propoſta Br. 91.
quaſi.

2   SENZA SQVADRO. Piantiſi vna canna in C; &
con vna ſergentina maggiore ſi ſcoſti il Miſuratore tanto in
diretto della AB: che, fermata in D, dalla ſua cima E per F,
cima della canna, ſi vegga il men remoto termine A. Si lieui quindi & la canna, & la ſergentina, laſciato vn ſegno in C,
vn'altro in D: & ſi pianti la canna in G, luogo più remoto;
ma in diretto pure alla AB: & con la ſergentina ſi vada tanto adietro al medeſimo modo, che, eſſendo il Miſuratore con
eſſa in H: dalla ſua cima I per la cima K della canna ſi vegga
il termine A medeſimo. Laſciato vn ſegno in H, ſi porti eſſa
ſergentina tanto più adietro ſino in L, che dalla cima ſua M,
per la medeſima cima K, ſi vegga il più remoto termine B: &
preſo l'interuallo GN al CD eguale; ſi miſurino in quai parti
ſi voglia le HN, HL, & ſieno, per eſempio Pal. 15. Pal. 120.
Miſuriſi anche la GC nelle parti, nelle quali ſi vuol far nota la
diſtanza AB, & ſia Br. 42. Intendanſi allungate le CF, GK ſino in O, P, che le CO, GP ſieno alle ſergentine eguali; & ſi
giunga la M.PEQ. Alla OE ſi pigli la eguale PQ; & da Q

per

d 6. *vndec.*

e 34. *pri.*

f 33. *pri.*

g 34. *pri.*

h 28. *pri.*
i ſchol. 4.
ſex.
k 18. *quinti.*

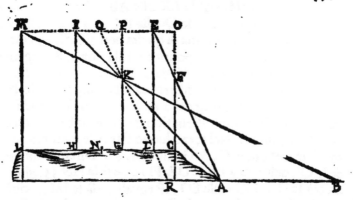

per K fi tiri la QR . E perche, per le fuperiori dimoſtrationi,
fono parallele le LC, RB; & *l* alla LC è parallela la MO, che | 33.*pri.*
congiugne le rette LM, CO eguali , & *m* parallele: faran *n* pa- | *m* 6. *unde.*
rallele ancora le MO, RB.   Perche dunque ne' triangoli O- | *n* 30. *pri.*
EF, PQK ſono eguali i lati OE, PQ; & eguali anche gli OF,
PK, refidui delle eguali CF, GK , cauate dalle eguali CO, GP;
& comprendono angoli O , P eguali , *o* per eſſer retti , come | *o* 34. *pri.*
oppoſti agli angoli CDE, GHI ne' parallelogrammi CE , GI:
faranno *p* eguali ancora gli angoli OEF, PQK ; & *q* però pa- | *p* 4. *pri.*
rallele le EA, QR , & parallelogrammo perciò il quadrilate- | *q* 28. *pri.*
ro AEQR; & *r* eguali conſeguentemente le RA, QE. Et an- | *r* 34. *pri.*
co il quadrilatero COPG è parallelogrammo , &c. *r* Eguali
faranno dunque anche le PO, GC. Ora , conciofiacofache le
OE, PQ fieno eguali ; fe tanto all'vna quanto all'altra fi aggiunga la comune EP: le QP, EQ faranno eguali. Eguali faran dunque le QE, GC, & eguali però le GC, RA. Tanto
che la RA farà Br. 42. quanto la GC. Si confiderino ora i triangoli IKQ, AKR, nel piano medeſimo , &c. Perche dun-
que fono *ſ* eguali tanto gli angoli QIK, RAK, *ſ* quanto gli | *ſ* 29. *pri.*
IQK, ARK; & *t* eguali parimente quei , che fono in K alla | *t* 15. *pri.*
cima : eſſi triangoli faranno equiangoli. Per le medeſime ragioni, faranno equiangoli anche i triangoli IKM, AKB. Per
la qual cofa, *u* come la QI alla IK, così la RA alla AK : *u* & | *u* 4. *fex.*

come

x 22. quinti. come la IK alla IM, così la AK alla AB. Per * la egual proportione adunque, come la QI alla IM, così la RA alla AB.

Dimanierache la somma di questa non difficile operatione è tale. Cauata la prima positione della canna, & fergentina, cioè la DC, cioè l'eguale NG dalla fecóda positione HG delle medefime, & mifurata la differenza HN Pal. 55. questo farà'l primo numero nella Reg. del Tre. Il fecondo farà la LH 120. differenza dell'vltime offeruationi, fatte di ambedue i termini con le fergentine. Nel terzo luogo ftaran le mifure, contenute trà le due canne C, & G, cioè Br. 42. Diremo dunque.
Se la QI, differenza trà le OE, PI; cioè fe la HN 55. differenza trà le DC, HG, alle EO, IP eguali, dà la IM, y cioè la y 34. pri. eguale HL 120. che darà la RA, cioè la eguale GC Br. 42? Haueremo per la AB Br. 91$\frac{3}{11}$.

AVVISO. Quì douerebbe mifurarfi il medefimo interuallo con due ftationi, fatte l'vna fopra l'altra à perpendicolo: ma v'interuengono tante linee, che con via molto più facile fi otterrà l'intento, trouando per la paffata Prop. ambedue le diftanze dall'vno, e dall'altro termine al perpendicolo del luogo del Mifuratore: cauando poi la minore della maggiore; che rimarrà noto l'interuallo propofto: &c.

Con due ftationi, fatte nel piano dell'orizonte, inueftigare vna diftanza dal luogo del Mifuratore al perpendicolo di qualche altezza incognita, ancorche di quell'altezza non fi vegga fe non la cima. Prop. IX.

1 CON LO SQVADRO. Sia la AB la diftanza da mifurarfi di A, oue il Mifuratore fi truoui: ne fi vegga del perpendicolo CB incognito altro, che la cima C. Fermato in A lo Squadro del Num. 3. della 1. Prop. fi offerui quindi effa cima C fotto la quantità della periferia EF. Ptefe alquante mifure, per efempio Br. 100. da A adietro fino in G, luogo, che ftia indiretto alla AB: fi fermi quiui lo Squadro: & fi offerui il medefimo eftremo C, per la periferia IK. a 11. pri. Al femidiametro HI in carta fi * erga la perpendicolare LM, la quale s'incontri in M, & refti fegata in O con le HM, HO,

tirate

sirate dal centro H per li tagli F, K delle osseruationi . Pongasi la LO 100000. &, secondo questa, per il nostro Lemma,
si truouino le parti della OM. Ella sarà 67450. Ora, concio-
siacosache le DA, HG, perpendicolari all'orizonte, sieno eguali, & parallele; anche le HD, GA saranno eguali, & paral- *b 6. vndec.*
lele. Onde, prolungate fino al perpendicolo CB, saranno *c 33. pri.*
parallele anche le HP, GB. Per conseguenza l'angolo HPC
sarà eguale all'angolo GBC, & però retto. Da M si tiri *d 29. pri.*
la MN, parallela alla HP, che nella HC termini in N. Perche *e 31. sem*

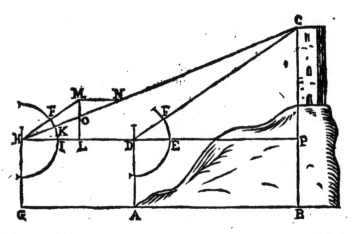

dunque gli angoli MHN, DCH: MNH, DHC sono eguali; *f 19. pri.*
sarà anche eguale l'angolo NMH all'angolo HDC. E però *g 32. pri.*
saranno equiangoli i triangoli HNM, CHD. Tali sono anche i triangoli HLM, DPC. peroche, essendo l'angolo PHM
l'istesso con l'angolo PDC, & gli HLM, DPC sono retti; gli
altri ancora HML, DCP saranno eguali. Adunque, come *h 4. sex.*
la MN alla MH, così sarà la DH alla DC: Et come la MH
alla HL, così la DC alla DP. Siche per la egual propor- *i 22. pri.*
tione, come la MN alla HL, così la DH alla DP. Ma co-
me la MN alla HL, così è la MO alla OL. Imperoche, essendo equiangoli i triangoli OMN, OLH, per gli angoli alla cima O eguali, & per gli alterni MNO, LHO: OMN, OLH *k 14. pri.*

eguali medeſimamente: ſarà come la MN alla MO, coſì la LH alla LO. Et permutando, come la MN alla LH, coſì la MO alla LO. Sarà per tanto, come la MO alla LO, coſì la DH alla DP. Poſta dunque la DH 67450. quanto la MO; la DP ſarà 100000. quanto la LO. Diremo per tanto. Se la DH 67450. è Br. 100. quanto ſarà la DP 100000? Troueremo, ch'ella, cioè la AB diſtanza propoſta, ſarà Br. 148 $\frac{1}{4}$. pochiſſimo più.

o 34.pri.

2. SENZA SQVADRO. Si pianti vna ſergentina in A. Et con vn'altra maggiore ſi vada tanto oltre indiretto, &c che da D, cima della minore, per F, cima della maggiore, ſi vegga l'eſtremo C. Miſuriſi la AE, & ſia Pal. 25. Leuate eſſe ſergentine, & preſo vn' interuallo AG adietro indiretto, &c. per eſempio, di Br. 100. ſi pianti in G la minore, & la maggiore tanto da queſta diſtante verſo B; che, poſta in I, per la ſua cima K dalla cima H, ſi vegga il medeſimo eſtremo C: & miſurata la GI, ſia Pal. 45. Intendaſi tirata per le cime H, D delle minori ſergentine la HD finche in L s'incontri col perpendicolo CB. Et perche le ſergentine, & la CB ſono all'orizonte perpendicolari; elle ſaran trà loro parallele tutte, come anche le HL, GB, che congiungono le eguali, & parallele GH, AD. Onde parallelogrammi ſaranno tutti i quadrilateri, che quiui formati ſi veggono. Per la qual coſa ſaranno eguali le HM, GI: DN, AE; & eguali parimente le GH, IM: AD, EN: & per conſeguenza eguali medeſimamente le rimanenti MK, NF, per eſſer le IK, EF vna grandezza ſteſſa. Perche dunque i triangoli DNF, DLC ſono ſimili; ſarà, come la FN alla DN, coſì la CL alla DL. Et permutando, come la FN alla CL, coſì la DN alla DL. Per le medeſime ragioni ſarà, come la KM alla CL, cioè come la FN alla CL, coſì la HM alla HL. Adunque, come la DN alla DL, coſì la HM alla HL. Et conuertendo, come la HM alla HL, coſì la DN alla DL. Et perche la AE è minore della GI, cioè la DN della HM; pigliſi la HO alla DN eguale. Adunque, perche, come tutta la HM à tutta la HL, coſì la DN, cioè coſì la parte tratta HO alla parte tratta DL: ſarà

p 6. vndec.
q 33.pri.

r 34.pri.

ſ coroll. 4. ſex.
t 4.ſex.

u 16. quin.

x 11.quin.
y coroll. 4. quin.

z 34.pri.

a 19. quin.

la

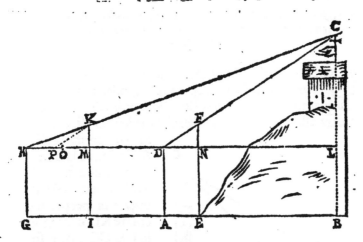

la rimanente OM alla rimanente HD , come tutta la HM à
tutta la HL . Et come tutta la HM à tutta la HL, così si è dimostrato, essere la DN alla DL . Perloche sarà , *b* la OM al-   b 11.*quin*
la HD , come la DN , ò la eguale HO alla DL .   Et *c* permu-   c 16.*quin*
tando , la OM sarà alla DN , ò alla HO , come la HD alla
DL .

Siche per la somma di questa bella operatione, dirassi . Se
la OM 20. differenza delle positioni DN, HM, *d* cioè AE, GI;   d 34.*pri.*
dà la HO, cioè la DN, cioè la AE 25. che darà la HD, *d* cioè
la GA Br. 100? Troueremo per la DL , *d* cioè per la AB , distanza proposta , Br. 125.

Se la distanza, che si cerca, sia la GB, fatte le positioni prima in G, I, poi in A, E, & l'altre cose tutte al medesimo modo; diremo . Se la OM 20. dà la HM 45. che darà la HD 100?
Troueremo la HL , *d* cioè la GB 225. di quelle tali misure ,
che quì sono Br. con le quali si sarà misurata la GA . La ragione è questa, che , essendosi dimostrato, essere la OM alla
HD , come la HM alla HL ; sarà permutando, la OM alla
HM , come la HD alla HL , &c.

G 2   D

Dal medefimo piano dell'orizonte inueftigare la medefima diftanza
con due ftationi, fatte l'vna fopra dell'altra à per-
pendicolo. Prop. X.

1 CON LO SQVADRO. Piantato lo Squadro del
Num. 3. della 1. Prop. in A, fi offerui la cima C
fotto la quantità della periferia EF. Poi, pofto l'iftrumento
in vn' altra afta minore AG, fi offerui il medefimo eftremo C

fotto la periferia HI;
& fia Pal. 10. la diffe-
renza delle afte. Al
femidiametro GH fi
erga la perpendi-
colare KL, che feghi
in L la GC, & refti
fegata in M dalla G-
M, tirata dal centro
G per il punto F del-
la prima offeruatio-
ne. Prongafi la GK
100000. & per lo
noftro Lemma, fi
truouino le parti
della ML. Ella farà
31000. E perche gli
angoli EDF, HGE
fono l'ifteffa cofa, fe
fi aggiunga à ciafcu-
no vn' angolo retto ADE, AGH; tutto l'angolo ADC farà à
tutto lo AGM eguale. Saran dunque b parallele le DC, GM:
& però c eguali gli angoli DCG, MGL. Et anco l'angolo G-
ML è eguale all'angolo d CDG, per effere & quefto, & quello
eguale all'angolo AGM; imperoche d le AD, KL fono parallele, per gli angoli in G, K retti. Et e eguali fono però anche
i DGC, MLG. Equiangoli faranno per tanto i triangoli D-
GC, MLG. Et equiangoli fono, allungato il femidiametro

211.pri.

b 18. pri.
c 29. pri.
d 28. pri.
e 29. pri.

DE fino in Q, ancora i triangoli DQC, GKM. Peroche prima, *f* essendo le DQ, AB parallele, *g* retto sarà l'angolo Q, come il B. Et retto è anche l'angolo K. Et l'angolo CDQ, cioè FDE, è l'istesso con lo FGH, *h* &c. Per lo che, *i* come la ML alla MG, così sarà la DG alla DC: &, *i* come la MG alla GK, così la CD alla DQ. Sarà dunque, *k* per la proportione eguale, come la ML alla GK, così la DG alla DQ. Siche, posta la DG 31000. quanto la ML la DQ, cioè la eguale AB, sarà 100000. Dicasi dunque. Se la DG 31000. è Pal. 10. quanto sarà la AB 100000? Trouerremo per la AB, distanza proposta, Pal. 32 1/11.

f 28.pri.
g 29.pri.
h 31.pri.
i 4.sex.
k 22.quinti.

2. SENZA SQVADRO. Si pianti vn'alabarda in A, & sia la AD: vn'altra maggiore NO in N, luogo tale, che dalla cima D per la cima O si vegga l'estremo C. Sia la PO, differenza delle alabarde, Onc. 20. Si lieuino le alabarde, & si mettano due sergentine ne' medesimi luoghi, vna maggiore NL in N, vn'altra minore in A: la quale si douerà venire accortando tanto, che per le cime G, L si vegga il medesimo estremo C. Sia la differenza KL di esse sergentine Onc. 26. Nelle medesime parti si misuri anche la AN, & sia Onc. 30. Giunganfi le DP, GK; & quella si prolunghi fino in Q. Per le dimostrationi passate, replicate più volte, saran *l* parallele le AD, NO, & parallele le DPQ, GK, per congiugner elle le eguali parallele,&c. *n* Saran dunque retti gli angoli D PO, GKL opposti ambedue al retto A ne' parallelogrammi AP, AK. Piglifi la KM alla PO eguale, & si meni la GM. Perche dunque ne' triangoli DPO, GKM sono eguali i lati PD, PO ciascuno à ciascuno de' lati KG, KM; & comprendono angoli P, K eguali, per esser retti: *o* saranno eguali anche gli angoli KMG, POD: e però *p* parallele le DO, cioè DC GM. Adunque, come nel Num. passato, dimostreranno fi equiangoli i triangoli MLG, DGC: GKM, DQC: & però esse, come la ML alla GK, così la DG alla DQ. Onde diremo. Se la ML 6. differenza delle KM 20. KL 26. dà la GK, cioè *q* la AN 30. che darà la DG, Pal. 10? Haueremo Pal. 50. per la AB: &c. Veggasi l'Auuiso della Prop. 7.

l 6.unde.
m 33.pri.
n 34.pri.
o 4.pri.
p 28.pri.
q 34.pri.

Inuestigare

Inueftigare vn' interuallo trafuerfale nell'orizonte da vn luogo
nell'orizonte fteffo . Prop. X I.

CON LO SQVADRO . Dal luogo C del Mifuratore nell'orizonte , fi dee mifurare l'interuallo AB
nell'orizonte fteffo . In C fi pianti lo Squadro del Num. 1.del-
la 1.Prop. nella cui carta fia tirata la CD in qualunque verfo
& fi faccia, per efempio di 100. parti di vna fcala, qual fi fia.
Defcriuanfi dagli eftremi C, D due circoli eguali al circolo

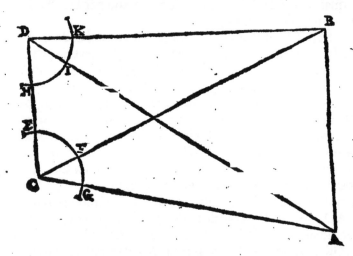

delto Squadro , &c. Adunque fi offerui vna canna D per la
feffura CE , fopra della quale , pofta la carta sù'l piano dello
Squadro, &c. rifponda il femidiametro CE . Si volti la feffura . Et tenendo ferma la carta , fi offeruino gli eftremi A , B,
fegnando la periferia in G , & F . Si piglino sù la GD in terra
100. mifure, per efempio Br. quante furono le parti della CD
in carta;& fieno di quel genere,nelle quali fi vuol nota la AB.
Portifi lo Squadro in D ; & , offeruata quindi vna canna, la-
fciata in C, vi fi metta fopra il circolo HIK, che'l femidiametro DH ftia nella feffura DC . Stando immobile la carta , &
voltato lo Squadro ; fi veggano per le feffure DK , DI i medesimi

defimi eftremi B, & A , fegnando i rincontri K, & I . Se dunque da C per G, F ; & da D per K, I fi tirino le CA, CB : DB,
DA ; & sù la fcala, oue fi prefe la CD 100. fi porti l'interuallo AB , comprefo trà i due concorfi A , & B delle rette tirate : quante parti farà la AB nella detta fcala ; tante Br. cioè
147. farà l'interuallo AB propofto. Si confiderino i triangoli ADC in carta,& in terra . Perche dunque gli angoli ACD,
ADC in carta fono, come è manifefto , i medefimi, che gli
ACD, ADC in terra ; anco *a* l'angolo CAD dell'vno farà
eguale all'angolo CAD dell'altro : & però equiangoli faranno effi triangoli . Al medefimo modo dimoftrerannofi equiangoli i triangoli BCD, BCD. Adunque, *b* come la CA alla
CD in carta, così la CA alla CD in terra : & *b* come la CD
alla CB, così la CD alla CB . Onde *c* per la egual proportione farà, come la CA alla CB in carta, così la CA alla CB in
terra. Et l'angolo ACB è l'ifteffo tanto nell'vno,quanto nel-
l'altro luogo . *d* Però il triangolo ACB in carta farà ancor
effo all'ACB in terra equiangolo . Conciofiacofache adunque fi fia dimoftrato , effere, come la CD alla CB in carta ,
così la CD alla CB in terra; & è *e* come la CB alla AB in carta ; così in terra la CB alla AB : farà *f* per la egual proportione , come in carta la CD alla AB , così in terra la CD alla
AB. Et *g* permutando , come la CD in carta alla CD in terra; così la AB in carta alla AB in terra medefimamente . Ma
le CD, CD in carta , & in terra , fono del medefimo numero
di parti . Anche dunque le AB , AB in carta, & in terra faranno dello fteffo numero delle parti medefime, della rifpon-
denza loro . Et però la AB, diftanza propofta , farà Br.147.
quante parti è la AB in carta nella fcala, in cui è la CD 100.

2 SENZA SQVADRO. Per vno de' 5. vltimi Num.
della 2. Prop. fi truouino le diftanze CA , CB, Br. 164. Br.
208. Et piantata vna fergentina in C , fi tiri il Mifuratore
tanto indietro indiretto alla CA , finche, effendo con vn' altra fergentina in E , fi poffano nella CE pigliare, come di fatto s'intende,che fi fien prefe, da C in E 164. parti: quante fono le mifure della CA : le quai parti fieno Onc. Pal. &c. à li-
bito

a 32.pri.

b 4.feft.

c 22.quinti.

d 6.fett.

e 4.fett.

f 22.quin.

g 16.quin.

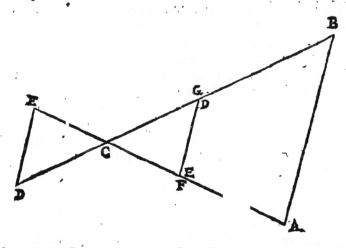

bito del Mifuratore. Il medefimo facciafi indiretto alla CB;
cioè fi pigli la CD, che fia vna medefima retta con la CB, di
208. delle parti medefime, quante Br. è la CB . Mifurifi l'interuallo DE in effe parti : & fiane 178. Tante Br. cioè 178.
farà la AB . Peroche, effendo ne' triangoli ACB, ECD proportionali i lati CE, CD à i lati CA, CB, per effer tanto quefti due , quanto quegli altri del medefimo numero di parti;
& comprendono *h* angoli eguali in C alla cima : effi triangoli faranno *i* equiangoli . Però, *k* come la CE alla ED, così la
CA alla AB . Et *l* permutando , come la CE alla CA, così la
ED alla AB . Ma le CE , CA fono del medefimo numero di
parti . Anche dunque le ED , AB faranno del medefimo numero delle parti loro . Onde la AB farà Br. 178. quante fono le parti della ED , &c.

    Se non fi poteffe il Mifuratore tirare indietro verfo E, D;
fi piglino le dette parti nelle CA, CB, cioè la CF di 164. & la
CG di 208. nelle rette rifpondenti di numero. Quante delle
medefime parti farà la FG; tante Br. cioè 178. farà l'interuallo AB. La dimoftratione è minore. L'angolo C è comune.
Il refto come di fopra . Però, oltre le lettere proprie, v'habbiam meffe ancora quelle della coftruttion paffata : &c.

h 15. pri.
i 6. fex.
k 4. fex.
l 16. quin.

                                                         DELLE

DELLE ALTEZZE, ET DEGL' INTERVALLI OBLIQVI.

Inuestigare vn' altezza perpendicolare, quando ne sia nota, ò possa misurarsi la distanza dal luogo del Misuratore, posto nell'orizonte, alla base di dett' altezza. Prop. XII.

1 CON LO SQVADRO. Di C, luogo del Misuratore nell'orizonte, s'hà da misurare l'altezza AB ad esso orizonte perpendicolare, & sia nota la CA, distanza dal luogo C al perpendicolo A dell'altezza proposta ; ò si sia trouata per alcuna delle Prop. passate, di Br. 200. In C si pianti lo Squadro del Num. 2. della 1. Prop. Et, visto per

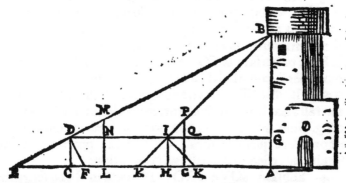

vna delle fessure l'estremo B, per la medesima alla contraria parte si osserui nel piano dell'orizonte stesso vn segno E. : & lasciato cadere il filo DC, si misuri, & esso filo, & la EC. Sieno Onc. 48. Onc. 84. Perche dunque le BA, DC sono perpendicolari all'orizonte, *a* elle saran trà loro parallele : & però *b* simili i triangoli ECD, EAB. Intendasi, da D tirata la DG alla orizontale EA parallela. Saran *b* simili anco i triangoli EAB, DGB, tutti in vn piano con gli altri, come è manifesto. Simili *c* saran dunque trà loro i triangoli ECD, DGB. Però, *d* come la EC alla CD, così la DG alla GB. Diremo adunque. Poiche la EC 84. dà la CD 48. che darà la DG Br.

a 26. vndec.

b coroll. 4. sex.

b coroll. 4. sex.

c 21. sex.

d 4. sex.

H   200.

200. eguale alla CA nel parallelogrammo AGDC? Trouereno per la BG Br. 114½. alla quale BG se si aggiunge le AG, cioè la CD eguale: tutta la AB ne sarà nota.

2 ALTRA M. Fatte le medesime cose, non si sia osseruato il segno E, ma lo F pure nell'orizonte per la fessura in croce: & siasi misurata col filo, come di sopra, Onc. 48. la CF Onc. 27⅖. Et perche ne' triaugoli DCF, DGB sono retti gli angoli C, f & G: &, se da' retti CDG, FDB se ne caui il comune FDG, rimangono eguali i CDF, GDB; gli altri ancora CFD, GBD saranno eguali: e però equiangoli essi triangoli. Onde, come la DC alla CF, così la DG alla GB. Diciamo dunque. Se la DC 48. dà la CF 27⅖. che darà la DG Br: 200. Haueremo Br. 114⅖. per la BG, &c.

3 ALTRA M. Vadasi tanto oltre con lo Squadro verso A, che, veduto per vna delle fessure l'estremo B, & per la medesima al contrario, ò per l'altra in croce, qualche segno K nell'orizonte: la HK sia eguale al filo IH. Se misureremo la HA, tanto sarà la BG. Peroche, come di sopra prouaremo, essere, come la KH alla HI, ouero come la IH alla HK, così la IG alla GB. Perche dunque le HK, IH sono eguali; saran tali anco le IG, GB: &c. Potremmo seruirci dello Squadro del 3. Num. ancora: ma non porta la spesa in cosa così lieue imprendere quella fattura. Chi voglia, potrà per se stesso seruirsene, essendo chiarissima l'operatione.

4 SENZA SQVADRO. Fermata in C vna sergentina CD, con vn' altra LM maggiore si vada tanto oltre nella CA finche, posta in L, per la cima M da D si vegga l'estremo B dell'altezza proposta. Si misuri la CL & sia 21. di quai parti si vogliano, delle quali le sergentine CD, LM sieno 18. & 30. Intendasi tirata la DG da D alla CA parallela. Perche dunque i sono parallele anche le CD, LM: il quadrilatero CLND sarà parallelogrammo: & k per conseguenza eguali le CD, LN. Sarà per tanto la NM la differenza delle sergentine. Et anco la AB è parallela alla LM. Saranno dunque simili i triangoli DNM, DGB: e però, come la DN alla NM, così la DG alla GB. Adunque si dica. Se la DN, cioè CL 21. dà
la

la NM 12. che darà la DG, ª cioè la CA Br. 200? Haueremo Br. 114⅖. per la GB : &c.

5   ALTRA M. Si proceda tanto oltre con le fergentine, finche, pofte in H, O ; la HO fia eguale alla differenza di effe fergentine . Ciò fatto, la HA farà eguale alla GB . E chiaro . perche, effendo, come la IQ, cioè ª la eguale HO alla QP, così la IG alla GB ; & le HO, QP fono eguali : faranno eguali ancora le IG, ª cioè HA, GB : &c. per le medefime ragioni del Num. paffato .

AVVISO . Se le fergentine HI, OP vengano congiunte con due fila IQ, HO di tal lunghezza , che gl'interualli IQ, HO dall'affe dell'vna fergentina all'affe dell'altra fieno eguali alla differenza QP d'effe fergentine: molto più fpeditamente opereremo , come l'efperienza ci dimoftrerà : &c.

Mifurare vna portione di vn' edifitio perpendicolare , quando
ò fi fappia , ò fi poffa trouare la diftanza dal luogo del
Mifuratore nell'orizonte fino alla bafe del
perpendicolo . Prop. XIII.

1   CON LO SQVADRO. Dal luogo C nell'orizonte habbiafi à mifurare la portione AB dell'edifitio AE , & da C in E vi fia la diftanza di 360. Br. Si accommodi in C lo Squadro del Num. 2. della 1. Prop. & vifto per vna delle feffure l'eftremo A : fi offerui per l'altra in croce vn fegno F nell'orizonte. Al medefimo modo mirando l'altro eftremo B , offerueraffi vn' altro fegno G . intendafi fempre nella CE . Si mifuri la FG, e'l filo DC. Sieno Onc. 16. Onc. 48. S'intenda tirata per D la DH alla CE parallela . Perche dunque ne' triangoli DCF, DHB fono eguali gli angoli C, ª H, per effer retti ; & eguali fono anche i CDF, HDB ; per quefto , che , fe dagli angoli retti CDH, FDB fene caui il comune FDH ; i refidui, che fono effi angoli, rimangono eguali : ᵇ faranno eguali anche gli CFD , HBD : & equiangoli però effi triangoli . E retto ᶜ l'angolo CDH , come l'oppofto E nel parallelogrammo DHEC, ᵈ effendo parallele le perpendicolari DC, AE. Et fono equiangoli ancora i triangoli DFG,

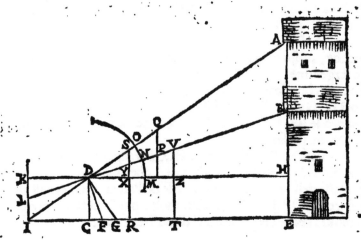

ē 13. pri.

f 32. pri.
g 4. fex.

h 22.quinti.

DBA, per ꝰ gli angoli eguali DFG, DBA; & per li FDG,BDA eguali parimente , come è manifefto , fe da' retti BDF, ADG fene caui il comune GDB: f &c. Però, *g* come la DC alla DF, così farà la DH alla DB: *g* & come la DF alla FG,così la DB alla BA . Adunque *h* per la egual proportione, come la DC alla FG;così la DH alla BA . Dicafi per tanto . Se la DC 48. dà la FG 16. che darà la DH Br.360? Haueremo Br.120.per la AB, portione propofta .

2 ALTRAM. Offeruato l'eftremo A , come di fopra, fi miri per la contraria parte vn fegno I nell'orizonte,oue fi erga vna canna IK . Veggafi poi l'altro eftremo B , & per la medefima feffura al cotrario fi offerui vn punto L nella canna detta : & fi mifuri la LI , & la IC da I al perpendicolo C , & fieno Onc.60. Onc.20. Allungata la HD fino in K, & pro-uato come di fopra, effer parallele le AE , KI ; i triangoli D-

i 15. pri.

k 29. pri.

KL,DHB faranno equiangoli, *i* per gli angoli in D alla cima eguali, & per li DKL, DHB: DLK, DBH *k* eguali medefima-mente . Onde concluderemo , come nel Num. paffato, effere, come la DK alla LI , così la DH alla BA . E però diremo .

l 34. pri.

Se la DK, *l* cioè la eguale CI 60.dà la LI 20. che darà la DH, cioè *l* la CE Br. 360? Haueremo per la AB Br. 120.

3 AL-

3 ALTRAM. Adopreremo ora lo Squadro del terzo modo. Osseruati gli estremi B, A sotto le periferie MN, MO; pongasi la DM 100000. ᵐ & eretta da M vna perpendicolare MQ, che resti segata dalle DP, DQ tirate dal centro D per li tagli N, O; si truouino per il nostro Lemma le parti della PQ. elle saranno 33333. di quelle della DM 100000. Perche dunque tirata la DH, &c. le ⁿ AH, QM perpendicolari alla DH, ò alla CE, ᵒ sono parallele: ᵖ saranno simili i triangoli DMP, DHB. Però, ᑫ come la DM alla MP, così la DH alla HB: & ʳ come la MP alla PQ, così la HB alla BA. ˢ Per la proportione eguale adunque sarà, come la DM alla PQ, così la DH alla BA. Diremo per tanto. Se la DM 100000. dà la PQ 33333. che darà la DH Br. 360. Haueremo pure Br. 120. &c. m 11. pri. n 29. pri. o 6 vndec. p coroll. 4. sex. q 4. sex. r schol. 4. sex. s 22. quin.

4 SENZA SQVADRO. Posta vna sergentina CD in C, con vna alabarda RS si vada tanto oltre, che, stando in R, si vegga da D per S l'estremo A. Misurisi la CR, & sia 30. di quali misure si sieno. Portisi l'alabarda in T, & al medesimo modo, visto l'estremo B da D per V, si misuri la CT, & sia 72. delle misure medesime. Imaginianci, che, ancorche si sia leuata l'alabarda di R, vi sia ancora. Adunque ella resta segata dal raggio della vista DB in Y. Bisogna di trouare la quantità della YS. Peroche, tirata, come di sopra la DH alla CE parallela, per le ragioni medesime, addotte degli altri nel Num. 2. saranno equiangoli i triangoli formati sopra la DH: & però come la DX alla YS, così la DH alla BA. Et così troueremo essa YS nelle parti delle altre rette. Perche sono ᵗ anco parallele le perpendicolari CD, RS, TV: ᵘ saranno eguali le CD, RX, TZ: & per ciò tanto la XS, quanto la ZV sarà la differenza, che trà la sergentina, & l'alabarda si ritruoua. Sia 24. delle misure stesse la differenza detta. Et perche nel triangolo DZV la XY è parallela alla ZV; sarà, ˣ per la somiglianza de' triangoli DZV, DXY, ʸ come la DZ alla ZV, così la DX alla XY. Onde diremo. Se ᶻ la DZ 72. dà ᶻ la ZV 24. che darà ᶻ la DX 30? Haueremo 10. per la XY: che cauata della XS 24. haueremo 14. per la YS. t 6. vndec. u 34. pri. x coroll. 4. sex. y 4. sex. z 34. pri.

Diremo

Diremo per tanto. Poiche la DX 30. dà la YS 14. che darà la DH, cioè la CE, per esempio, Br. 300? Hauremo Br. 140. per la AB: &c.

AVVISO. Quando non si potesse entrare nella CE, porremo l'alabarda TV in C, & la sergentina verso I. Così, osseruato prima il termine B; accosteremo poi l'alabarda alla sergentina, & mirato l'estremo A: al medesimo modo troueremo la AB con la notitia della retta composta della CE, & della retta compresa trà C, & la sergentina: &c.

5 ALTRAM. Osseruato come nel Num. 4. il termine A, se mireremo da S per D vn segno I nell'orizonte, con vna canna IK, rimirando poi da V per D pure; potremo operare per appunto come nel Num. 2. &c.

Con due stationi, fatte nel piano dell'orizonte, misurare vn' altezza perpendicolare, ancorche ne sia incognita la distanza fino alla base. Prop. XIV.

CON LO SQVADRO. Di A, luogo nell'orizonte, bisogna di misurare l'altezza CB, compresa dall'estremo C fino à B, punto del perpendicolo d'esso estremo C fino al piano AB dell'orizonte medesimo. Si accommodi in A lo Squadro del Num. 3. della 1. Prop. Et si osserui quindi l'estremo C sotto la periferia EF. In diretto alla AB adietro si piglino alquante misure, per esempio, Br. 80. da A in G. Piantisi quiui lo Squadro di nuouo, & con la periferia IK si osserui il medesimo estremo C. Al semidiametro HI in carta si tiri la perpendicolare LM da vn punto L, che con la HF, tirata dal centro H per F, s'incontri in M: & da M si tiri la parallela MN alla HL, che seghi la HC in N. Posta la MN 100000. si truouino, per il nostro Lemma, le parti della LM. Ella sarà 98000. Perche dunque gli angoli EDC, IHM sono vna cosa stessa; anco le DC, HM saranno parallele. Adonque ne' triangoli MNH, DHC saranno eguali tanto gli angoli MNH, DHC, quanto gli MHN, DCH. Eguali saran dunque ancora gli NMH, HDC: & però saranno equiangoli essi triangoli. Et equiangoli sono anco gli HLM, DPC, per gli

a 11. pri.
b 31. pri.
c 28. pri.
d 19. pri.
e 32. pri.

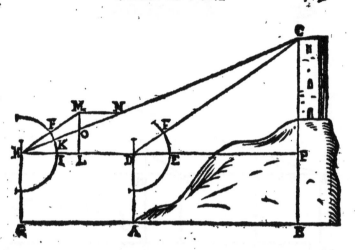

gli eguali angoli LHM, PDC, *f* per li retti HLM, DPC, *g* &c. f 19. pri.
farà dunque, *h* come la MN alla MH, così la DH alla DC : g 32. pri.
Et *h* come la MH alla LM, così la DC alla PC. *i* Per la egual h 4. sea.
proportione adunque farà, come la MN alla LM, così la DH i 22. quint.
alla PC. Per lo che diraffi. Se la MN 100000, dà la LM
98000. che darà la DH, *k* cioè la eguale AG Br. 80? peroche k 34. pri.
fono *l* parallele le HP, GB, per congiugnere elle le perpendi- l 33. pri.
colari eguali, *m* & parallele AD, GH : &c. Haueremo per la m 6. unda.
PC Br. 78 ⅖. alla quale fe fi aggiunga la AD, cioè la BP ; farà
nota tutta la BC ; &c.

2 **SENZA SQVADRO.** Ergafi vna fergentina AD in
A : & vn' alabarda maggiore EF più oltre in tal luogo E sù
per la AB ; che dalla cima D per la cima F fi vegga l'eftremo C. Mifurifi la AE, & fia Onc. 72. Si tiri il Mifuratore
adietro indiretto, &c. fino in G, per efempio, per Br. 80. dal
luogo A. Et, piantata quiui la fergentina medefima, & la
medefima alabarda tanto più oltre in I, che per la fua cima
K dalla cima H fi vegga il medefimo eftremo C : fi mifuri la
GI, la quale fia 120. Onc. Perche dunque, giunta la HD, &
allungata fino in L, fono eguali, & *m* parallele le AD, GH; fa-

ranno

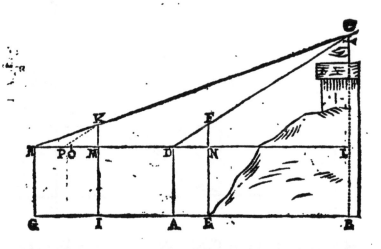

a 33. pri. ranno parallele ª anco le HL, GB. Si pigli la MP eguale alla
● 34. pri. DN, ª cioè alla AE. E perche, giunta la PK, ne' triangoli
DNF, PMK sono eguali i lati DN, NF à i lati PM, MK, ciascuno à ciascuno, & comprendono angoli N, M eguali, per
p 4. pri. esser retti: ª saranno in essi triangoli anche gli altri angoli
eguali ª e però equiangoli saranno i triangoli detti. Ma al
q coroll. 4.
sex. triangolo DNF è ª equiangolo il triangolo DLC, ª per esser
r 6. vndec. parallele le NF, LC. Saran dunque equiangoli i triangoli P-
s coroll. 4.
sex. MK, DLC. Et tali sono ª anche gli HPK, HDC, per ª esser
t 28. pri. parallele le PK, DC. Adunque, ª come la HP alla PK, così
u 4. sex. sarà la HD alla DC: & ª come la PK alla MK, così la DG
x 22. quin. alla LC. Adunque, ª per la egual proportione, come la HP
alla MK, così la HD alla LC.

Siche per la somma di quest' operatione, diraffi. Se la dif-
y 34. pri. ferenza HP Onc. 48. delle positioni AE, GI ª alle DN, HM
eguali, dà la MK, differenza della sergentina, & dell'alabarda, diciamo Onc. 46. che darà la HD Br. 80? Haueremo Br.
76⅔. per la GL: alla quale se si aggiunga la AD, ª cioè la BL,
tutta l'altezza CB ne sarà nota.

1 CON LO SQVADRO. Fatte con lo Squadro del
3. Num. della 1. Prop. le due stationi in D, G, &c.
con le cose del Num. 1. della Prop. 10. posta però 100000. la
KM, & trouate le
parti della ML,
che sarāno 48000.
per il nostro Lem-
ma : sarà per le
medesime dimo-
strationi del cita-
to Num. come la
ML alla MG, & la
MG alla KM: così
la DG alla DC, &
la DC alla QC.
Onde sarà poi,
per la proportio
ne eguale, come la
ML alla KM, così
la DG alla QC. E
però dirassi: Se la
ML 48000. dà la
KM 100000. che

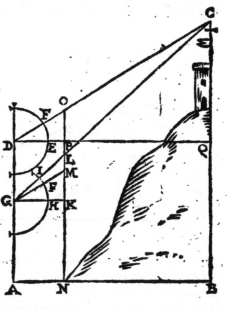

darà la DG, per esempio, Pal. 10? Haueremo Pal. 20½. per
la QC. Onde aggiugnendole la AD, cioè la BQ: tutta la BC
ne farà nota.

2 SENZA SQVADRO. Operato, come nel Num. 2.
della Prop. citata, & fatte le medesime cose: & prouato, come quì sopra, essere, come la ML alla KM, così la DG alla
QC : dirassi. Se la MN 6. differenza trà le KM 20. KL 26.
ne dà la KM 20. che darà la DG, per esempio, Pal. 8? Haueremo per la QC Pal. 26⅔. &c.

Miſurare di ſu la cima ſi perpendicolo di vn' altezza, quando ſi ſap-
pia la diſtanza d'eſſo perpendicolo à qualche termine, ò pure
qualche remoto interuallo nell'orizon.e, poſto indi-
retto all'altezza. Prop. XVI.

1　CON LO SQVADRO. Biſogna miſurare di G la
perpendicolare GQ, cadente da G nel piano QB
dell'orizonte: & ſappiamo, che la QB, diſtanza da eſſo per-

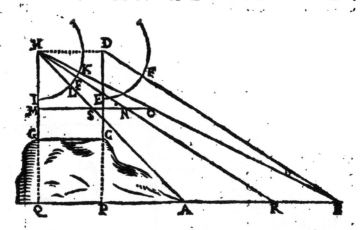

pendicolo ad vn tal ſegno B nell'orizonte è Br.540. Si collo-
chi in G lo Squadro del Num. 3. della 1. Prop. & ſi vegga il
termine B ſotto la periferia IK. Al ſemidiametro HI ſi tiri
la perpendicolare MO, che in O ſeghi la HB: &, poſta la
MO 100000. ſi truouino per il noſtro Lemma, le parti della
HM. Ella ſarà 48480. E perche le MO, QB ſono parallele, ſaranno ſimili i triangoli HMO, HQB: e però, come
la MO alla HM, così la QB alla HQ. Poſta dunque la QB
100000. la HQ ſarà 48480. Diraſſi. Se la QB 100000. è Br.
540. quanto ſarà la HQ 48480? Troueremo per eſſa Br.
261 7/57. Dalla quale ſe ne cauiamo la GH, ſtatura del Miſuratore: il reſtante ſarà la GQ: &c.

a 18. pri.
b coroll. 4.
ſex.
c 4. ſex.

2　Sia ora nota la AB, &c. Br.278. & da queſta ſi vogli
venire in cognitione della quantità del perpendicolo GQ
deſimo

deſimo. Con l'iſteſſo Squadro ſi oſſeruino ambedue gli eſtremi A, B dell'interuallo AB noto ſotto le periſerie IL, IR. Poſta 100000. la SO, ſi truouino le parti della HM per il noſtro Lemma. Sarà eſſa HM 94170. Si tiri la perpendicolare MO, & le HS, HO, &c. Adunque, come la SO alla SM, coſì la AB alla AQ: & come la SM alla HM, coſì la AQ alla HQ. Adunque, come la SO alla HM, coſì la AB alla HQ. Siche, poſta la AB 100000. ſarà la HQ 94170. Dicaſi. Se la AB 100000. è Br. 278. quanto ſarà la HQ 94170? Ella ſarà pure Br. 261 $\frac{1}{1}\frac{1}{1}$. &c. Cauatane la GH, &c.

d ſchol. 4.
ſez.
e 4. ſez.

f 22. quinti.

3 ALTRAM. Anco con lo Squadro del Num. 2. della Prop. 1. inueſtigheremo la medeſima altezza. Nella figura del Num. 1. della 3. Prop. per le ragioni quiui addotte, diremo. Se le parti della DC danno le parti della CE: che daranno le parti della FB? Haueranſi le parti della DF: dalla quale cauatane la DC: il rimanente ſarà la CF: &c. Et nella figura del 1. Num. della Prop. 5: diremo, per le ragioni in eſſo Num. addotte: Se la FE dà la DH, cioè la CE, che darà la AB? Darà la DG, &c.

g coroll.
quin.

4 SENZA SQVADRO. Ricorraſi al Num. 3. della 3. Prop. Fatte, & dimoſtrate le medeſime coſe, verremo in cognitione dell'altezza AE dalla notitia della AB, dicendo. Se la CE dà la CD, ò la HD, cioè la FC dà la HG: che darà la AB? Ella ne darà notitia della AE nelle ſue parti.

5 Quanto al reſto, veggaſi il 4. Num. della Prop. 5. Se ſia nota la AB, da queſta verremo in cognitione dell'altezza LG, con dire, per le coſe fatte, & quiui dimoſtrate: Se la DF, cioè la CE dà la CD: che darà la AB? Darà la LG. Ouero operato per lo Num. 5. della medeſima 5. Prop. diraſſi: Se la NG dà la CM, la AB darà la medeſima LG: &c.

*Inuestigare l'altezza medesima con due stationi fatte l'vna sopra
l'altra à perpendicolo. Prop. XVIII.*

CON LO SQVADRO. Dalla cima G del monte AG
si desidera d'inuestigare la sua altezza perpendicolare GA sopra'l piano dell'orizonte. Con lo Squadro del
3. Num. della 11 Prop. si faccia tutta l'opera del Num.1. della Prop.7. & concludo, per le medesime dimostrationi, essere

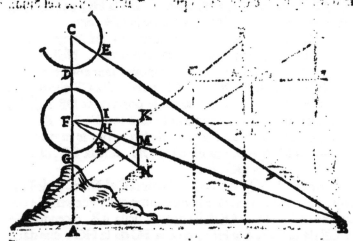

equiangoli i triangoli KMF, AFB: MFN, FBC; gli angoli N,
& C saranno, come è manifesto, eguali. Et gli angoli K , A
sono retti, & eguali per conseguenza. + Eguali saranno dunque anche gli angoli KFN, ABC in essi triangoli KFN, ABC:
e però equiangoli saranno anco questi triangoli. Siasi posta
100000. la NK , & si sia trouata la MN, per il nostro Lemma , 45000. Perche dunque, + come la MN alla NF, così è
la FC alla GB ; & + come la NF alla NK, così la GB alla CA:
sarà , + perla egual proportione, come la MN alla NK, così
la FC alla CA. Onde, posta la FC 45000. quanto la MN; sarà la CA 100000. quanto la NK. Sia Pal. 10. la differenza
FC delle stationi. Diremo adunque. Se la FC 45000. è Pal.
10. quanti Pal. sarà la CA 100000? Hauremo per essa CA
                                             Pal.

a 32. pri.

b 4. sen.

c 22. quin.

Pal.22¾. dalla quale leuatane la CG; il rimanente sarà la GA
altezza proposta : &c.

2 SENZA SQVADRO . Per misurare la DA, si faccia
tutta l'opera del 2. Num, della medesima 7. Prop. con le dimostrationi medesime . E perche oltre à queste , l'angolo G
è all'angolo ACB eguale, & son retti l GIC, CAB : i triangoli GIC, CAB faranno equiangoli ; perche anche il rimanen- d 32.pri.

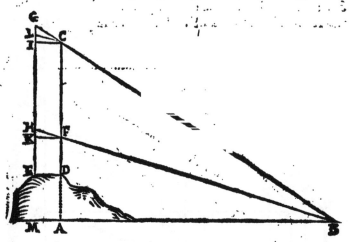

te GCI è al rimanente CBA eguale . Sarà dunque , come la e 4. sec.
LG alla GC, così la FC alla CB : & come la GC alla GI, così
la CB alla CA . Per tanto, f per la proportione eguale, farà f 22. quin.
come la LG alla GI , così la FC alla CA . Diremo dunque .
Se la LG Onc. 6. differenza delle differenze delle alabarde, &
delle sergentine , dà la GI Onc. 10. differenza delle alabarde ;
che darà la FC Onc. 47. differenza trà la minor sergentina ,
& la minore alabarda ? &c. Veggasi l'Auuiso della Prop. 7.

Con due stationi, fatte nel piano dell'orizonte, misurare vn' edificio posto in vn colle, ancorche non ne sia noto l'interuallo dal luogo del Misuratore al perpendicolo. Prop. XIX.

1 CON LO SQVADRO. Di C, luogo nell'orizonte, bisogna di misurare l'altezza AB. Piantisi in C lo Squadro del Num. 3. della 1. Prop. & si osserui quindi l'estremo A sotto la periferia EF. In diretto alla proposta altezza

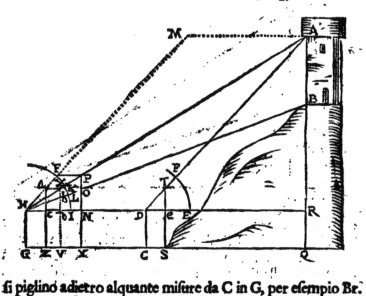

si piglino adietro alquante misure da C in G, per esempio Br. 60. Et, posto lo Squadro in G, si osserui l'vno, & l'altro estremo A, B sotto le periferie IK, IL. Per F si tiri la HF ; & s'intenda allungata tanto, che s'incontri con la AM, tirata alla CG parallela, in M. Al semidiametro HI *b* si tiri da vn punto N la perpendicolare NP, che in P, O seghi le HA, HB. Dal punto P *c* tirisi la PF alla AM parallela. Pongasi la PF 100000. &, per il nostro Lemma, si truouino le parti della PO. Ella sarà 54000. Perche dunque, giunta la HD, le CD, GH perpendicolari all'orizonte sono eguali, *d* & parallele ; saranno

a 31. pri.
b 11. pri.
c 31. pri.
d 6. vndec.

ranno

ranno eguali , & parallele anco le HD , GC . Et gli angoli E
DA , EHM fono eguali , come è manifesto . *f* Saran dunque
parallele ancora le DA , HM : *s* & parallele le AM , DH , per
effere ambedue parallele alla CG. Onde parallelogrammo farà'l quadrilatero ADHM : & *b* eguali per confeguenza le A-
M , DH , *b* cioè le AM , CG . Siche la AM farà Br. 60. quanto la CG . Et perche l'angolo GQA , allungata la perpendicolare AB fino al piano GQ, è retto , & la HR è parallela
alla GQ : *i* farà retto anco l'angolo HRA . Saran *k* parallele
adunque anco le RA, NP . Et parallela fi tirò la PF alla AM .
Perilche *l* i triangoli HPF, HAM : HPO, HAB faranno fimili .
Però, *m* come la HP alla PF , così farà la HA alla AM . Et
permutando, *n* come la HP alla HA, così la PF alla AM . Al
medefimo modo dimoftreremo , come la HP alla HA , così
effere la PO alla AB . *o* Adunque, come la PF alla PO , così
farà la AM alla AB : Pofta dunque la AM 100000. quanto
la PF, farà la AB 54000. quanto la PO . Ma la AM è 60. Br.
Dicafi dunque . Se la AM 100000. è Br. 60. quanto farà la
AB 54000? Haueremo Br.32$\frac{2}{5}$. per la propofta altezza AB.

2 SENZA SQVADRO . Si pianti vna fergentina CD
in C di Onc. per efempio , 40. & vn' altra maggiore alquanto più oltre indiretto all'altezza , & fia la ST di Onc. 60. &
in tal luogo S, che da D per T fi vegga l'eftremo A . Si mifuri la CS , & fia Onc. 18. Nella QC indiretto, &c. fi piglino
alquante parti adietro, come Pal. 100. da C fino in G : oue fi
pianti la minor fergentina GH . Con la maggiore fi proceda
tanto oltre fino in V , che per la cima X dalla cima H fi vegga l'eftremo medefimo A ; & , mifurata la GV , fia Onc. 32.
Si porti tanto più oltre la fergentina maggiore, che, pofta in
Y , per la cima O da H pure fi vegga l'altro eftremo B della
bafe . Mifurifi la GŸ & fia Onc. 48. Piglifi la GZ alla CS
eguale , & *p* fi erga alla GC la perpendicolare Za , che fia
eguale alla ST : & da H per a fi tiri la HM , che con la AM,
tirata *q* parallela alla GC,s'incontri in M : & fi giunga la aX .
Perche dunque tanto le fergentine , quanto la AB fono perpendicolari all'orizonte : *r* elle faran tutte trà loro , comun-

Right margin notes:
f 29.pri.
s 30.pri.
h 34.pri.
i 29.pri.
k 28.pri.
l coroll. 4.
sex.
m 4. sex.
n 16.quin.
o 11.quin.
p 11.pri.
q 31.pri.
r 6. vndec.

f 28. pri.
t 34. pri.
n 33. pri.
x 34. pri.
y 4. pri.
z 28. pri.
a 34. pri.
b coroll. 4.
ſex.
c 4. ſex.
d 34. pri.

que ſi piglino, parallele. Et ſon ſ parallele anco le Za, VX: Et però parallelogrammo il quadrilatero aZVX; t & eguali per conſeguenza le aX, ZV. Sarà per tanto la aX la differenza delle poſitioni CS 18. GV 32. & però eſſa aX ſarà 14. Per H, D ſi tiri la HR: la quale n ſarà parallela alla GQ: & però parallelogrammi i quadrilateri GHcZ, CDeS: & eguali x per tanto le GH, Zc: CD, Se, & eguali medeſimamente le GZ, Hc: CS, De: e però le Hc, De ſaranno eguali trà di loro. Et è manifeſto, eſſere eguali anche le ca, eT, reſidui della ſottrattione delle eguali Zc, Se dalle eguali Za, ST. Adunque ne' triangoli Hca, DeT ſono eguali i lati Hc, ca à i lati De, eT, ciaſcuno à ciaſcuno, & comprendono angoli Hca, DeT eguali, per eſſere ambedue conſeguenti di angoli HcZ, DeS x retti, come oppoſti à i G, C ne' parallelogrammi Gc, Ce. Saranno adunque eguali gli y angoli cHa, eDT: & x però ſaran parallele le HM, DA. Tali dimoſtrerannoſi anche le AM, DH, come nel Num. paſſato. Sarà per ciò parallelogrammo il quadrilatero ADHM: & a eguali per conſeguenza le AM, DH; cioè le AM, a CG. Onde la AM ſarà Pal. 100. Et, come dimoſtrammo nel 1. Num. eſſere, come la PF alla PO, coſì la AM alla AB; coſì dimoſtreremo ora, che come la Xa, alla Xb, coſì la AM detta alla AB.

Onde per la ſomma di queſt'operatione diremo. Se la Xa 14. differenza trà le poſitioni GV, CS, ne dà la Xb 6 2/7. come dimoſtreremo; che darà la AM Pal. 100? Haueremo per la AB Pal. 47 1/7.

Che la Xb ſia Onc. 6 2/7. coſì lo dimoſtreremo, & ſarà anco il modo di trouarla, benche vn' altra volta ſi è inſegnato di ſopra. Perche i triangoli Hdb, HNO b ſono ſimili: c ſarà, come la HN alla NO, coſì la Hd alla db. Dicaſi dunque. Se la HN, d cioè la GY 48. dà la NO 20. differenza delle ſergentine, che darà la poſition ſeconda GV 32. cioè d la eguale Hd? Haueremo 13 1/7. per la db, che cauata dalla dX 20. d per eſſere eguali le GH, Vd: il rimanente 6 2/7. ſarà eſſa Xb.

AVVISO. Per miſurare la medeſima altezza AB con le ſtationi l'vna ſopra dell'altra, ſi opererà per la 18. Prop. trouando

uando ambedue le altezze AQ, BQ; che, cauata questa di quella, il rimanente farà la AB. Così farà più facile, che operare con vna Prop. che potreſſimo fare à poſta.

Inueſtigare gl'interualli diagonali.
Prop. XX.   •

1 CON LO SQVADRO. Nella figura del Num. 1. della Prop. 14. habbiaſi à trouare la quantità della DC. Perche, fatte le medeſime coſe., ſi prouò colà, eſſere, come la MN alla MH, così la DH alla DC: ſe noi, poſta 100000. la MN, &c, per il noſtro Lemma, troueremo le parti della MH: potremo poi dire. Poiche la MN 100000. dà le parti della MH; che daranno le miſure della DH? Hauerremo la DC nelle parti della DH. Così potremo trouare la quantità della HC, trouãdo le parti della NH delle 100000. della MN: &c.

2 SENZA SQVADRO. Habbiaſi à miſurare la DC medeſima nella figura del Num. 2. della ſteſſa 14. Prop. Fatte le medeſime coſe, biſogna di trouare le parti della PK. Perche dunque i quadrati de' lati MP, MK ſono eguali al quadrato della PK, ſe ſi ſommino eſſi quadrati inſieme, ci ſarà nota la PK. Diremo adunque, per l'equiangolezza de' triangoli HPK, HDC dimoſtrata nel detto luogo; Se le parti della HP danno le parti della PK, che daranno le miſure della HD? Daranno le miſure della DC: &c. Così, ſe da' quadrati della MK, MH troueremo le parti della HK, dicendo poi: Se la HP dà la HK, che daranno le parti della HD: haueremo notitia della HC: &c. *a 47. pri.* *b 4. ſex.*

3 Non diamo eſempio in caſo di notitia di diſtanza, ò d'altezza. Quando ne' triangoli formati s'habbia alcuno de' lati attorno all'angolo retto: la diagonale ſi trouerà ſenza punto di fatica, col mezzo de' triangoli formati à corriſpondenza, ſeruendoci della Prop. 47. del 1. Lib. d'Eucl. Ogn'vno c'habbia inteſe le paſſate miſure, per ſe ſteſſo ritrouerà anche queſta faciliſſimamente.

Ne anche trattiamo d'alcune altre coſe manifeſte per ſe

ſteſſe.

steffe. Se di sù vn' altezza habbiamo à misurare vn' altezza minore: misureremo la maggiore, oue noi siamo, se non sia nota. Dipoi misureremo la medesima, osseruando la cima della minore, come se per essa cima passasse il piano dell'orizonte. Se caueremo quest' altezza di tutta l'altezza: è chiaro, che'l rimanente sarà l'altezza minore. Così, se, stando sù vna minore, vogliamo misurare vn' altezza maggiore; misureremo la minore, oue noi siamo, se ella non si sappia. C'imagineremo poi, che'l piano della minore altezza sia il piano dell'orizonte: & misurata l'altezza della maggiore sopra questo piano orizontale finto; se sommeremo poi insieme l'altezza minore cō l'altezza della maggiore sopra l'orizonte imaginario: è manifesto, che la somma fatta sarà tutta la maggiore altezza.

4 Delle profondità noi non trattiamo. Nella Prop. 24. del 3. Lib. della nostra Geometria habbiam mostrato, non essere altro che vna semplice altitudine qualunque profondità. Se dunque vogliamo imaginarci, che'l fondo del pozzo, ò della valle proposta sia il piano dell'orizonte; & misureremo l'altezza del luogo, oue noi siamo sopra'l piano del fondo detto: questa sarà la misura, che si cerca.

DIGRES-

DIGRESSIONE
GEOMETRICA
Della miſura degli Scemi delle botti.

PROEMIO.

A D iſtanza d'alcuni amici dell'arte, & maſſimamen-
te del Sig. Franceſco Grotti, allieuo della noſtra
ſcola, giouine di grande ingegno, & molto fonda-
to nell'arte del miſurare, e munito di buona cognitione delle ſcienze matematiche; ci ſiamo meſſi dì
nuouo à contemplare la miſura degli Scemi delle
botti, nel qual genere non ſi è viſta ancora fin quì
coſa veramente Geometrica, fuorche quel, che noi ſtampammo gli anni paſſati nel 5 Lib. della noſtra Geometria. Sono ſtato richieſto dì
coſa più facile: & che pure poteſſe eſſer comune per qual ſi voglia miſura d'ogni paeſe. Il ſommo Iddio ci hà aſſai abbondantemente fauo-
riti. Lettore, che eſerciti queſt'arte: impoſſeſſati di queſto modo; ne
t'increſca d'impiegarui vn poco di ſtudio. In vn ſubito trouerai, con
tuo molto onore, qual ſi voglia ſcemo di qualunque botte ſi ſia: & potrai eſſer ſicuro dell'operatione. Stà ſano.

Ciò, che ſia Scemo: Et quel, che quì s'intenda col nome di Scemo.
Cap. I.

LO Scemo di vna botte è quel vacuo, ch'ella hà, quando
non è ben piena. Et in tre modi può eſſere vna botte
ſcema. O che quel, che manca, per empierla, è meno della
metà della totale tenuta ſua, ò che è la metà appunto, ò più
di eſſa metà. Quando il piano del vino batte il punto di mezzo dell'altezza dall'imo di eſſa botte al cocchiume: è manifeſto, che, ſe la botte tenga, per eſempio, 10. Bar. lo Scemo
farà 5. & altrettanto il vino. Onde di queſto Scemo è ſouer-
chio

chio parlarne. Quando il piano d'esso vino arriui più sù, che alla metà di detta altezza ; come se di 24. Onc. c'habbia di tale altezza la botte, dal cocchiume al piano del vino vi sia Onc. 10. di distanza: noi insegniamo à inuestigare la quantità del vino, che vi entrerebbe, per riempierla totalmente. Onde, se hauessimo trouato, per cagione d'esempio, la botte tutta tenere 10. Bar. & 2. esser lo Scemo ; cauando questi 2. de' 10. concluderemmo, esser Bar. 8. il vino, che si trouaua nella botte allora. Quando poi, al contrario, esso piano del vino sia più basso di essa metà della detta altezza ; in questo caso insegniamo, con la Reg. medesima à trouare la quantità del vino di primo lancio. Tantoche, se l'altezza detta sia pure Onc. 24. & il vino dia col suo piano all'Onc. 10. cominciando à numerar le Onc. dall'imo della botte: inuestighiamo quì la quantità del vino stesso, che in essa botte si truoua

Della misura, con la quale s'hanno à misurare gli Scemi.
Cap. II.

PER misurare questi Scemi, non s'hà da fabricare alcuna sorte di vergoletto à posta. Ciascuna misura, comunque ella si sia diuisa, è ottima per ciò. Chi vsa il Piede, si seruirà di questo : chi il Palmo, ò la Libra ; del Palmo, ò della Libra, con le loro diuisioni in 12. Onc. ò Punti, e così di tutte. Noi intendiamo, che l'altezza dall'imo al cocchiume della botte, qualunque ella si sia, s'imagini diuisa in 200. parti eguali. Tenga la botte 3. Bar. ne tenga 60. tanto in questa, quanto in quella, l'altezza dall'imo al cocchiume si dee stimar diuisa in 200. eguali parti. E perche, se s'intenda passare vn piano per il centro del cocchiume, che, essendo equidistante à i fondi, diuida egualmente in due tronchi di coni essa botte ; è manifesto, se noi c'imaginiamo, che l'vno de' fondi si allarghi con maggior circolo, per la base di vn sol tronco di cono, che si forma nella botte di tutta la sua altezza, se d'ogn'intorno s'intenda allungata fino ad esso circolo aggrandito la superficie conica, contenuta dalle doghe dall'vno de' fondi al mezzo di essa botte ; è manifesto, dico, che tal

tal fettione, che forma effo piano, tirato pe'l centro del cocchiume, &c. « è circolo, il cui diametro la detta altezza dal-
l'imo ad effo cocchiume : fegue, che la metà di queft' altezza, cioè il femidiametro di quefto circolo, farà 100. delle
dette parti . Ora da quefte parti centefime del detto femidiametro, non così come fi truoua, ma corretto nel modo,
che infegneremo nel 4. Cap. fi regge qual fi voglia altra mifura, grande, ò piccola, ch'ella fi fia : & con vna fola operatione della Reg. del Tre, fi hauerà il fugo, & il neruo di quefta pratica nelle parti di qualunque mifura fi vfi qual fi fia
paefe .

Con qual via fi truoua la capacità dello Scemo in quefto Trattato.
Cap. III.

LA forma della bòtte, cioè del vacuo di effa, come quì
fopra fi è accennato, & fi è detto nel Cap. 3. del 5. Lib.
della noftra Geometria, è quella fteffa di due eguali tronchi
di coni, vniti trà loro nella maggior bafe. Ma quefta fi fatta forma, col trouare
il diametro propor-
tionale di mezzo trà i
diametri de' due cir-
coli maggiore, & mi-
nore, confiderati in
effa ; fi riduce alla fi-
gura del cilindro. Co-
me fe fia la ABCDEF
la figura del vacuo di
vna botte, nella quale
la BE l'altezza dall'i-

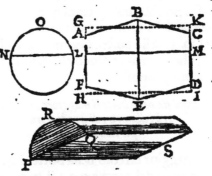

mo E al cocchiume B ; & la AF, ò la CD l'altezza di vno de'
fondi, i quali fono eguali frà di loro ; cioè la BE il diametro
del maggior circolo in effa botte, & la AF, ò CD il diametro
del minore : fi hauerà da trouare il diametro proportionale
di mezzo trà effi diametri BE, & AF, ò CD ; accioche nel
circolo di effo diametro, trouato, habbiamo la bafe del ci-
                                                              lindro

a 1. *Def. fe-*
cundi.

lindro detto : la qual bafe è l'iftefso circolo di quefto diametro. Sia la GH efso diametro proportionale di mezzo. Adunque dalla GH nella LM, lunghezza della botte * fi produrrà
il parallelogrammo rettangolo GHIK, per la fettione, che
forma in efso cilindro, che, come è manifefto, è rettangolo
pure, il piano, tirato per li diametri GH, KI ; i quali fono
nel medefimo piano co i diametri BE, AF, CD, per efser tutti dalla medefima GK perpendicolari all'orizonte. Apprefs-
fo fia quiui la LM la fettion comune del piano del vino, che
è nella botte,& del piano detto GHIK. Se dunque con le co-
fe dette confidereremo il circolo NOL del diametro detto
GH, ò KI proportionale di mezzo, in cui la NL fia la fettion
comune del piano del vino, & di efso circolo ; fi produrrà
dalla portione ONL nella lunghezza LM della botte, & del
cilindro, la figura folida PQRS : che, come è manifefto, è
quella ftefsa dello Scemo della botte propofta, confiderata
efsa botte ridotta alla forma cilindrica, come è detto. Siche fi vede chiaro, che tutto'l negotio confifte nel trouar
l'aia della portione ONL nelle parti della mifura di ciafcun
paefe. poiche, moltiplicata quefta portione ONL per la lunghezza della botte ; è manifefto, per la Reg. 4. del 3. Cap.
del Lib. 5. della noftra Geometria, che'l prodotto è lo Scemo, che fi cerca, efsendo efso il folido, & il mafsiccio PQRS
del vano propofto.

Qual fia nella botte il maggiore, & minor circolo: Et come
trà i diametri di quefti fi truoui vn diametro pro-
portionale di mezzo. Cap. IV.

IL maggior circolo nella botte è quello, che pafsa per lo
centro del cocchiume : il minore quello del piano interiore del fondo. Chiamafi maggiore quello ; perche niuno
altro circolo fi può da efsa botte defcriuere, che non fia minore di efso. Queft'altro fi dice minore per quefto, che niun'
altro, che non fia maggiore di lui, fi può in efsa botte ima-
ginare. L'vna, & l'altra cofa è chiara, per la ftefsa forma
del vacuo della botte : la quale dal maggior circolo, verfo

l'vna,

l'vna, & l'altra parte, và sempre tanto più ristringendosi, quanto più si appressa alle cime de' coni, come è manifesto, se vogliamo imaginarci, ch'ella sia composta di due coni interi.

Ora, per trouare il diametro proportionale di mezzo trà i due diametri de' detti circoli maggiore, & minore; si moltiplichino trà loro i diametri detti: che la radice quadrata del prodotto farà'l diametro proportionale di mezzo, che si cerca. Come se'l diametro del maggior circolo sia Onc. 36. & quel del minore Onc. 32. moltiplicati trà loro, si produce 1152. di cui la radice quadrata 33$\frac{43}{67}$. farà'l diametro, che cerchiamo.

Ciascun' Onc. del Piede si suol diuidere in 4. parti eguali: & queste si chiamano Punti, accioche'l Pie. tutto sia diuiso in Pun. 48. Al medesimo modo desidero, che ciascuno soddiuida le Onc. ò quali altre parti si habbiano nella misura propria. Così le frattioni delle radici si possono far sane à man salua, quando, per essere elle forse piccolissime; non si volessero del tutto tralasciare. Facendole sane, il solido, che ne verrà, riuscirà alquanto maggiore; ma pochissimo. Et la botte tien ben sempre vn poco più della misura Geometrica, per cagione della curuità delle doghe; le quali, come è chiaro, per le cose dette di sopra, nella misura, si stimano rette. A questo modo, se noi habbiamo due diametri Pun. 60. Pun. 52. moltiplicati insieme, & del prodotto 3120. estrattane la radice 55$\frac{95}{110}$. diremo, che'l diametro proportionale di mezzo sia Pun. 56. Parimente da due diametri di Pun. 60. Pun. 53. si produce 3180. La radice Pun. 56$\frac{44}{112}$. diremo, che sia 57. Pun. &c.

Ma in questi casi, per esser piccola sempre la differenza de' diametri; possiamo anche sommare insieme essi diametri: & dire, che la metà della somma sia il diametro proportionale di mezzo. Come se sieno due diametri Pun. 60. Pun. 50. La somma farà 110. Diremo, che Pun. 55. metà di essa somma, farà'l diametro proportionale di mezzo. Il medesimo numero troueremo per l'estrattione della radice. poiche di

54 $\frac{34}{101}$. ch'essa è, faremo 55. pure. Medesimamente dalla somma 111. di due diametri Pun. 60. Pun. 51. haueremo, pigliandone la metà, Pun. 55 $\frac{1}{2}$. & nell'altro modo Pun. 55 $\frac{11}{110}$. L'vno, & l'altro numero si scriuerà Pun. 56.

In che modo si sono da noi trouate tutte le portioni, che ne possano
occorrere in qualunque caso di Scemo, posto il semi-
diametro mezzano 100. Et si pone la Ta-
uola di esse portioni · Cap. V.

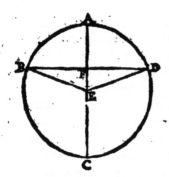

V ERREMO ora à mostrare il modo, col quale habbiamo composta la Tauola delle portioni. Sia ABCD il circolo di vn diametro AC proportionale di mezzo in vna botte. Perche dunque, come è detto, il diametro AC s'intende di 200. parti, &, per conseguenza di 100. il semidiametro AE. sia la BD la settion comune del piano del vino, & di esso circolo: in cui la AF, distanza perpendicolare dall'estremo A ad essa BD sia Par. 64. delle 100. del semidiametro AE detto. Per la 5. Defin. del Cap. 1. del 2. Lib. della nostra Geometria, la AF sarà'l seno verso dell'arco AD. Se dunque cauiamo la AF 64. dalla AE 100. il residuo FE 36. farà, per lo Num. 9. del 5. Cap. del citato Lib. il seno del compimento dell'arco detto AD, à ragione di tutto'l seno AE 100. Per lo che, se nella Tauola del detto Lib. troueremo esso seno 36. cioè 36000. buttate via le tre figure alla destra, per ridurre i seni à ragione di tutto'l seno 100. esēdo quiui 100000. haueremo à rincontro 93295. cioè 93 $\frac{295}{1000}$. come è manifesto, se si considerino bene i numeri de' seni, ridotti à tutto'l seno 100. per lo seno retto FD dell'arco AD detto: al qual seno rispondono Gr. 68. Min. 54. per la quantità di esso arco AD. Facciasi nota, per la 1. Reg. della 1. Prop. del Cap. 4. del 4. Lib. della sopracitata nostra Geometria, tutta la periferia

ABCD,

ABCD, nelle parti ducentesime del diametro AC. Trouere-
mo, lei essere 628$\frac{4}{7}$. Ma essa periferia tutta è Gr. 360. Dicasi
dunque, per la Reg. del Tre. Se Gr. 360. tutta la periferia
è 628$\frac{4}{7}$. che sarà la periferia AD, Gr. 68. Min. 54? Troueremo, esso arco AD esser Par. 120$\frac{456}{1112}$. delle parti ducentesime
del diametro. Se per tanto questo arco AD 120$\frac{456}{1112}$. si moltiplichi nel semidiametro AE 100. il prodotto 12030$\frac{240}{1112}$.
per la Reg. 1. del Cap. 5. del 4. Lib. della altre volte nomina-
ta Geometria; sarà l'aia del settore ABED, tirate le EB, ED.
peroche, essendo retti gli angoli AFB, AFD; [a] le FB, FD saranno eguali: e però eguali [b] saranno ancora gli archi AB,
AD. Finalmente nel triangolo BDE è nota la FD 93$\frac{241}{1000}$.
dimostrata eguale alla FB; & nota è anche la perpendicolare EF 36. Siche, moltiplicati questi numeri insieme; il prodotto 3358$\frac{676}{1000}$. sarà, per la Reg. 6. del Cap. 1. del 4. Lib.
della Geometria predetta, l'aia del triangolo BDE. La qua-
le se si caui dal settore ABED 12030$\frac{240}{1112}$. il rimanente
8671$\frac{34560}{1112000}$. sarà l'aia della portione ABD proposta.
Ma noi facciam sempre sane quelle frattioni, che qui arriua-
no à $\frac{1}{2}$. Ella sarà dunque 8672. Così si sono da noi trouate
tutte le 99. portioni della seguente Tauola, pigliando la prima volta il seno più vicino al nostro, quando non si truoua
preciso con 3. zeri: il che rade volte auuiene.

[a] 23. tertij.
[b] schol. 27. tertij.

Tauola delle portioni per le parti del perpendicolo dal sommo, ò dall'imo della botte, cioè del suo circolo mezzano al piano del vino, posto il semidiametro 100.

1	19		34	3545		67	9235
2	54		35	3697		68	9423
3	98		36	3848		69	9613
4	151		37	4003		70	9806
5	211		38	4159		71	9997
6	276		39	4318		72	10186
7	347		40	4477		73	10379
8	423		41	4638		74	10573
9	504		42	4800		75	10765
10	589		43	4963		76	10960
11	679		44	5129		77	11154
12	771		45	5295		78	11348
13	868		46	5462		79	11545
14	969		47	5632		80	11741
15	1072		48	5802		81	11937
16	1180		49	5973		82	12134
17	1290		50	6146		83	12331
18	1403		51	6322		84	12529
19	1519		52	6495		85	12724
20	1637		53	6671		86	12923
21	1759		54	6848		87	13122
22	1882		55	7025		88	13318
23	2010		56	7206		89	13518
24	2138		57	7386		90	13718
25	2270		58	7567		91	13916
26	2403		59	7749		92	14117
27	2540		60	7931		93	14315
28	2677		61	8116		94	14516
29	2816		62	8300		95	14714
30	2958		63	8485		96	14913
31	3102		64	8672		97	15115
32	3247		65	8859		98	15314
33	3395		66	9045		99	15515

Questa Tauola non hà bisogno di dichiaratione. peroche si vede chiaro, che à ciascuna delle parti centesime del semidiametro risponde la sua portione. à 1. centesima 19. à 16. 1180.

1180. à 35. 3697. &c. Ella non crefce poi còn proportione, certa fempre, per cagione de' feni, che le più volte non fono, precifi : ma la varietà è cofa al tutto infenfibile . Procede fi‑ no à 99. perche 100. è il femidiametro . Et in quefto cafo è manifefto , che'l luogo dello Scemo è eguale à quello, che è occupato dal vino .

Come fi truouino i feni verfi ne' diametri proportionali di mezzo nel‑ le parti della mifura confueta : Et come quefte fi riducano alle parti centefime del femidiametro, per trouar poi nella Tauola le douute portioni. Cap. VI.

SIA la AB il diametro del circolo maggiore AIB nella bot‑ te, cioè l'altezza dall'imo B al cocchiume A , Pun. 112. la CD l'altezza, ò'l diametro d'vno de' fondi CMD, Pun. 96. Adunque, per quel, che fi è infegnato nel 4. Cap. il diametro FG proportionale di mezzo farà Pun. 104. & però Pun. 52. il femidiametro EF . Si fia tro‑
uata la AH , perpendicolare
dal cocchiume al piano del vi‑
no 24. Pun. E perche il femidia‑
metro EA del maggior circolo
AIB è 56. per effer 112. tutto'l
diametro AB ; fe di effo femi‑
diametro EA 56. fe ne caui il
femidiametro EF 52. rimane la
AF 4. Cauifi effa AF 4. dalla
AH 24. Il refto 20. farà la FH,

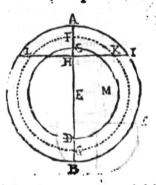

diftanza del vino nel diametro del circolo mezzano , cioè il feno verfo propofto; che così fi chiamano Geometricamen‑ te quefta , & altre linee fimili . Ora , perche quefte 20. Par. fono Pun. della mifura confueta, bifogna di ridurle alle parti centefime del femidiametro EF ; per potere hauere in quefte parti nella Tauola la douuta portione . Per tanto dicafi per la Reg.del Tre . Se la EF 52. è 100. che farà la FH 20? Tro‑ ueremo la FH effere 38$\frac{24}{13}$. delle parti delle quali è 100. il fe‑ midiametro EF . Faremo fano il rotto, per quel, che dicem‑
mo

mo nel 4 Cap. Onde essa FH farà 39. Se dunque con questo
numero 39. della FH entreremo nella Tauola ; haueremo
4318. per la portione KLF, &c. nelle parti, delle quali è 100.
il femidiametro EF, & 200. lo FG, diametro proportionale
di mezzo, &c.

COROLLARIO.

E di qui manifesto, che, se dalla distanza trouata dal cocchiume al piano del vino
se ne caui la quarta parte della differenza de' diametri maggiore, & minore; il rimanente farà l'istessa distanza nel diametro del circolo mezzano. Poiche la differenza
trà diametri 112. 96. è 16. di cui la quarta parte è 4. quanto si cauò dalla prima distanza, &c.

Come, trouata vna portione del circolo del diametro proportionale
di mezzo, nelle parti centesime del femidiametro; si faccia
nota nelle parti confuete della regione. Cap. VII.

NEL circolo ABCD di vn diametro AC proportionale
di mezzo in vna botte sia la portione ABD 8116. nelle parti del femidiametro IA 100. Bisogna di trouare l'aia di
essa portione nelle parti della misura consueta : delle quali,
per esempio, sia 98. il diametro AC detto. Siasi descritto

da esso diametro AC il quadrato ACEF, & sia in esso la GH
parallela ad vn lato AF. Perche
dunque gli angoli AGH, GAF
fono eguali a' due retti; & è retto l'angolo GAF, per la Defin.
del quadrato : farà retto anche
l'angolo AGH. Al medesimo
modo si dimostrerà retto l'angolo FHG, &c. Per lo che la
figura AFHG farà *b* parallelogrammo rettangolo. Imaginianci, ch'egli sia eguale alla portione proposta ABD. Sarà esso rettangolo 8116. Et il quadrato ACEF, come quadrato della AC 200. farà 40000. & come quadrato della medesima AC 98. farà 9604. Perche dunque il numero piano
AFHG, misurato con le parti della AC 200. è simile al piano
AFHG, misurato con le parti della medesima AC 98. per
                                        prodursi

229. pri.

b schol. 34.
pri.

prodúrſi l'iſteſſo rettàngolo : ſarà, e còmé il fiúmero quadrà= c 2 *Poſtaij.*
to ACEF 40000. al numero quadrato AGEF 9604. coſì il
numero piano AFHG 8116. nelle parti della AC 200. al numero piano AFHG riſpettò àllé parti della AC 98. Siche, ſe
diciamo, per la Reg. del Tre : Poiche il quadràtò ACEF
40000. nelle Par. 200. dèlla AC è 9604. nelle parti della ſteſſa AC 98. che ſarà il rettangolo AFHG, cioè la portionẹ
éguale ABD 8116. à riſpetto della AC 200? Troueremo, fatto ſano il rotto, che ne occorrè, 1949. per eſſa portione A-
BD, miſurata nelle parti conſuete della AC 98.

Quel, che biſogna di fare, per accommodare qual ſi voglia
miſura conſueta all'inuentione degli Scemi.
Cap. VIII.

BISOGNA ora d'inueſtigare la capacità del cubo di vn̄
Piede, di vn Palmo, di vna Libra, ò di quale altra miſura ſi ſia, in queſto faciliſſimo modo. Facciaſi fabricare con
diligenza vna caſſetta, il cui vacuo ſia per ogn' vna delle tre
miſure del corpo ſolido 1. Pie. 1. Pal. 1. Lib. &c. & ſi procu-
ri, che i quattro lati ſopra'l fondo ſieno alquanto più altì
della miſura propoſta. Ogni poco più baſta. Sieno però
d'ogn'intorno alti egualmente, accioche gli eſtremi di ſopra
ſieno preciſàmente equidiſtanti à gli eſtremi oppoſti, che ſono congiunti col fondo. E perche queſta caſſetta hà da tenere l'acqua, ſarà neceſſario di ſtuccarla nelle commiſſure con
pece colata : il che però ſi faccia gentilmente, & ſi conſumi il
ſuperfluo con vn ferro caldo di forma quadra ; accioche la
croſta non ci falſificaſſe l'operatione, occupando luogo, &
alterando la tenuta della propoſta miſura. Ciò fatto, aggiu-
ſtata di dentro ſopra'l fondo la lunghezza del Pie. del Pal.
dèlla Lib. &c. ſi faccia vn taglio nell'eſtremo di ſopra d'vna
delle aſſi, che arriui fino all'eſtremità della miſura detta : accioche quindi poſſa vſcir l'acqua, quando élla ecceda quel
tanto, che contiene il cubo della miſura aſſegnata. Mettaſi
dipoi col mezzo dell'archipendolo, eſſa caſſetta perfetta-
mente in piano. Et, preſo vn giuſtiſſimo Boccale, ò comẹ
ſi nomini

fi nomini ciafcun paefe la propria mifura del vino ; fi pefi in
vna bilancia, alla quale fi fia tolto prima il tratto, fe l'habbia : & il pefo fi faccia in equilibrio. Ma primache in bilancia fi ponga, empiafi d'acqua, auuertendo, che non fi bagni
per di fuora, & fi voti, & fcolifi tanto, che folamente refti
di dentro bagnato; perche fi faccia più efquifita quefta efperienza. Ora, pefato così, come fi è detto ; fi fia trouato di
Lib. 2. Onc. 10. Empiafi effo Boccale d'acqua, & di nuouo fi
pefi pieno : & fia Lib.9. Onc.2. Se dunque di quefto fe ne caui il pefo del Boccale Lib. 2. Onc.10. il rimanente Lib.6. Onc.
4. farà'l pefo di 1. Boccale d'acqua. Si getti queft' acqua,
fcolando bene il Boccale nella caffetta preparata, come fi è
detto di fopra : il che fi faccia tante volte, finche effa caffetta
accenni di traboccare per il taglio fattoui : ma che però non
trabocchi. Et quì vi fi richiede qualche diligenza;come anche l'ifteffa diligéza bifogna nello fcolare il Boccale ogni vól-
ta fopra di effa caffetta, & nel procurare, ch'ei non fi bagni
per di fuora: accioche non entri altr' acqua nella caffetta,che
quella del Boccale, ne fe ne butti punto fuori di effa. Ora ve
ne fieno entrati Bocc.20. & tal parte di 1.Bocc. di più ; che il
refto,infieme col Boccale pefato al medefimo modô,fia Lib.6.
Se dunque di Lib.6.fe ne caui il pefo del Boccale Lib.2.Onc.10.
reftano Lib. 3. Onc. 2. che cauate di Lib. 6. Onc.4. di 1. Bocc.
il refiduo Lib.3. Onc.2. cioè mezzo Bocc. farà quello, che fopra i 20. Bocc. fi dee aggiugnere. Siche diremo, che 1. Pie.
cubo tenga Bocc. 20½.

AVVISO. Giulio Beccuto, nobile Perugino, figliuolo del
celeberrimo Poeta Francefco Coppetta, dal quale io, da gio-
uinetto, apprefi i fondamenti di quefte fcienze ; foleua dirmi
d'hauere efperimentato, che'l Pie. cubo perugino teneffe
Bocc. 20½. Ma parteche l'efperimento fù fatto con la rena,
parteche da quel tempo in quà fi può effere alterato il Bocc.
farà ottima cofa, che, chi vuol feruirfi di quefta noftra inuentione di mifurare gli Scemi, faccia l'efperienza da per fe.

VN' ALTRO AVVISO. Senza fabricare la detta caffetta, la qual' opera però è di niun momento, fi può fare l'e-
fperienza

sperienza medesima con vna botticella : Noi insegnammo il modo nel primo Auuiso del Cap. 3. del Lib. 5. della nostra Geometria: il quale non accade di replicare in questo luogo.

Si adducono alcuni esempij, per maggiore intelligenza di questa facilissima pratica. Cap. IX.

FIN quì non si sarà conosciuto quanto sia facile questo nostro modo di misurare gli Scemi. Con alcuni esempi si farà manifesto. Egli è vna botte di vino non piena. Il diametro del cocchiume è Pun. 100. quello del fondo 88. La lunghezza da fondo à fondo 82. & la distanza perpendicolare dal cocchiume al piano del vino Pun. 30. Si cerca la quantità di esso Scemo. Sommati insieme i diametri, & della somma 188. presa la metà; questa, per il 4. Cap. cioè Pun. 94. sarà'l diametro proportionale di mezzo : & però 47. il semidiametro. Perche dunque la differenza trà i diametri maggiore, & minore è 12. se di Pun. 30. lontananza del vino dal cocchiume, se ne caui la quarta parte, cioè 3. il rimanente 27. per il Coroll. del 4. Cap. sarà la medesima distanza del vino nel circolo mezzano. Ora dicasi. Se 47. semidiametro di esso mezzano circolo è 100. quanto sarà 27. distanza del vino, &c? Operato secondo l'ordine della Reg. del Tre, troueremo, che essa distanza, nelle parti centesime del detto semidiametro ; sarà, fatto sano il rotto, 58. Vadasi con 58. alla Tauola. Habbiamo à rincontro di esso numero 7567. per la portione, formata dallo Scemo nel circolo mezzano. Ma questa è à rispetto delle parti 200. del diametro : e però bisogna ridurla alle parti della misura consueta, cioè à i Pun. Adunque si quadrino, cioè si moltiplichino in se stessi i diametri 200. & 94. Cioè si truouino i quadrati del diametro proportionale di mezzo inquanto 200. & inquanto 94. Haueremo 40000. & 8836. Dicasi, per il 7. Cap. Se 40000. dà 8836. che darà la portione trouata 7567? Troueremo 1672. Et tanto, fatto sano il rotto, che vi è occorso, sarà essa portione nella misura consueta de' Pun. del Pie. &c. Ora moltiplichisi questa portione 1672. per Pun. 82. lunghezza della

M botte

Botte . il prodotto 137104. faran Pun. cubi di tutto'l solido dello Scemo proposto . Et perche il Pie. è 48. Pun. & il cubo di 48. è 110592. dicasi . Se 110592. tiene Bocc. 20½. come sappiamo , per l'8. Cap. che terranno Pun. 137104? Troueremo Bocc. 25 ⁄. La minutia si può trascurare , e dire, che lo Scemo proposto sarà Bar. 1. Bocc. 5. Ouero, se vogliamo ridurre la minutia à Fogl. delle quali 4. fanno 1. Boce. troueremo , essere Bar. 1. Bocc. 5. Fogl. 1½. poco più .

Si è venduta vna botte di vino, la quale era scema dal cocchiume al piano di esso vino Pun. 43. Il diametro maggiore è Pun. 138. il minore Pun. 125. & la lunghezza della botte Pun. 85. Si cerca la quantità dello Scemo. La metà della somma 263. de' diametri , che è 131½. cioè 132. sarà'l diametro proportionale di mezzo : & 66. il semidiametro. La differenza trà i diametri maggiore , & minore, è 13. la quarta parte 3¼. che cauata della retta 43. dello Scemo: il resto 39¾. cioè 40. sarà essa retta dello Scemo nel circolo mezzano. Dicasi . Se 66. semidiametro del mezzano circolo è 100. che sarà 40. Scemo detto? Sarà 60 ⁄. cioè 61. Haueremo nella Tauola per questo numero 8116. Dicasi ora . Poiche 40000. quadrato del diametro proportionale di mezzo , inquanto 200. è 17424. quadrato del medesimo diametro , inquanto 132. che sarà la portione 8116? Troueremo 3535. che moltiplicato per 85. Pun. della lunghezza della botte ; habbiamo 300475. per il solido di esso Scemo . Finalmente si dica . Se 110592. cubo di 1. Pie. tiene Bocc. 20½. che terrà'l solido 300475? Haueremo Bocc. 55 ⁄. cioè Bar. 2. Bocc. 15. Fogl. 3. quasi . Et tanto si douerà cauare dalla tenuta intera della botte per lo Scemo proposto .

In vna botte è vn poco di vino : & essi venduto à misura . I diametri sono Pun. 100. & Pun. 88. La lunghezza della botte Pun. 80. & 55. lo Scemo. Si cerca la quantità del vino . Il diametro proportionale di mezzo sarà Pun. 94. & 47. il semidiametro . Perche dunque il piano del vino è più basso della metà dell'altezza dall'imo al cocchiume ; se caueremo i Pun. 55. della bassezza del vino di Pun. 100. diametro mag

giore

giore : il refiduo Pun. 45. farà la diftanza dall'imo della botte al piano di effo vino . Et con quefta opereremo, per quel, che accennammo nel 1.Cap. Et prima, cauata la quarta parte 3. della differenza de' diametri maggiore,& minore, di effa diftanza Pun. 45. reftano Pun. 42. per la fteffa diftanza nel circolo mezzano . Dicafi . Se 47. femidiametro del circolo mezzano è 100. che farà 42? Sarà 90. à cui nella Tauola rifponde la portione 13718. Si dica di nuouo . Se 40000. quadrato del diametro proportionale di mezzo , inquanto 209. è 8836. quadrato del medefimo diametro, inquanto 94. che farà la portione 13718? Troueremo, lei effere 3030. che moltiplicata per 80. lunghezza della botte, ci dà per il folido del vino Pun. 242400. Adunque, fe 110592. cubo di 15.Pie. è Bocc. 20½. che farà 242400? Haueremo Bocc. 44 $\frac{10114}{11012}$ cioè Bar. 2. Bocc. 4. Fogl. 3½. poco più . Et tanto è la quantità del vino, che era nella propofta botte .

Qui fi vede chiaro, che la portione del circolo è formata dal vino : non dallo Scemo . Cofì fi farà fempre, quando il vino fia più giù della metà della botte ; effendo manifefto, che fempre ci dobbiamo feruire di quella portione, che nella botte è minore del femicircolo .

Si rifponde à vn' obiettione, che fi può fare intorno à quefto modo di trouar gli Scemi. Cap. X.

ALCVNI critici di coppella riprenderanno quel, che noi habbiamo qui infegnato, che fi facciano fane le minutie ; e diranno, che la mifura verrà molto alterata . Onde noi in queft'vltimo Cap. vogliamo rifpondere à queft'obiettione, & far vedere, che quefto giuditio non è foprafino . Pigliamo adunque lo Scemo del fecondo efempio del Cap. paffato ; nella cui inueftigatione interuengono non poche minutie ; & vediamo quel, che effo Scemo riefca, quando fi operi precifamente . Il che fi farà da noi anche più volentieri per quefto, accioche chi vuol far fatica più lunga ; ne vegga almeno vn' efempio . Adunque il diametro proportionale di mezzo farà $\frac{}{}$. & però il femidiametro $\frac{}{}$. & lo Sce-

mo $\frac{14}{4}$. Dicafi. Se $\frac{244}{4}$. femidiametro, &c. è 100. che farà
lo Scemo $\frac{159}{4}$? Troueremo $\frac{61000}{1052}$. cioè $60\frac{480}{1052}$. per la diftanza del vino, &c. nel circolo mezzano. Ora, perche quì,
oltre al numero fano 60. vi è ancora la minutia $\frac{480}{1052}$. bifogna di pigliare nella Tauola la parte proportionale, & operare con quella così. Piglifi la differenza 185. trà la portione proffimamente minore 7931. & 8116. proffimamente
maggiore: & fi moltiplichi per 480. numeratore della minutia propofta. Diuidafi il prodotto 88800. per il denominato-
re 1052. Haueremo il quotiente 84. il quale, fe fi aggiunga
alla portione 7931. proffimamente minore: haueremo 8015.
per la portione propria di $60\frac{480}{1052}$. Diciamo. Se 40000.
quadrato del diametro proportionale di mezzo inquanto
200. è $\frac{244}{4}$. quadrato del medefimo diametro, inquanto
$\frac{244}{4}$. che farà la portione 8015? Ella farà 3465. che moltiplicata per la lunghezza, Pun. 85. fi hauerà 294525. per il
mafficcio dello Scemo: che ridotto à Bar. &c. troueremo,
effere Bar. 2. Bocc. 14. Fogl. $2\frac{1}{2}$. quafi. Siche, à quefto modo,
è riufcito il medefimo Scemo Fogl. quafi $4\frac{1}{2}$. meno. Et chi
negherà, che tutto quel vacuo, che refta trà la fuperficie
retta, & la curua dell'interiore della botte nello Scemo non
tenga $4\frac{1}{2}$. Fogl. fe fi confideri la quantità della tenuta totale?
Così, con vna certa proportione riufcirà fempre di poca
confideratione la varietà in ogni botte ò maggiore, ò minore. In fomma, quanto è più breue, & più fpedito quel modo; tanto io giudico meglio di operare, come habbiamo infegnato nel paffato Cap.

　AVVISO. La lunghezza della botte fi pigli precifa. Cioè
fe ella fia, per efempio, Pun. $84\frac{1}{2}$. non fi faccia 85. ma fi la-
fci così : & fi operi con quella minutia. perche nelle botti
grandi l'alteratione potrebbe effer fenfibile.

　VN' ALTRO AVVISO. Chi defideri di far riufcir la
mifura più vicina al vero, ne voglia voltare il ceruello co'
numeri rotti, intenda diuifa ciafcun' Onc. del Pie. ò di altra
mifura in 10. particelle: & con quefte fi operi, facendo pur
fempre fani i rotti, che occorrono, fe non fieno minimi : che,

　　　　　　　　　　　　　　　　　　　　　　effendo

eſſendo tali , ſi poſſono ancora laſciare . Come ſe ſia vnò
Scemo 130. delle dette parti decime delle Onc. i diametri
298. 272. la lunghezza 200. procederemo al medeſimo modo . Il diametro proportionale di mezzo ſarà 285. il ſemidiametro 143. La quarta parte della differenza 26. de' diametri maggiore,& minore 6½. cauata di 130.diſtanza del vino dal cocchiume , ne laſcia 123½. cioè 124. per la medeſima
diſtanza nel circolo mezzano . Dicaſi adunque . Se 143. è
100. che ſarà 124? Sarà 87. il qual numero ne dà nella Tauola 13122. Et il quadrato del diametro proportionale di
mezzo 285. è 81225. Adunque , ſe 40000. è 81225. che ſarà 13122? Sarà 26646. che moltiplicato per la lunghezza
200. ci dà di ſodo 5329200. Il cubo di 1. Pie. nelle ſue parti
centouenteſime, che 120. Par. è 1. Pie. diuiſa ogni Onc. in 10.
particole, è 1728000. Onde doueraſſi dire. Se 1728000.
tiene Bocc. 20½. che terrà 5329200? Troueremo Bocc.
63$\frac{1366}{17210}$. &c.

Le Onc. intere , con la giunta di vñ zero, ſi riducono alle
parti decime , come è manifeſto . Per le frattioni dell'Onc.
baſta di hauer diuiſa in 10. Par. vn' Onc. ſola : perche ſopra
queſta ſi poſſono miſurare tutte quelle parti di 1. Onc. che
ne poteſſero occorrere ſopra l'Onc. intere .